基于信息融合的航空发动机整机振动故障诊断技术

费成巍　艾延廷　田　晶　著

科学出版社

北京

内 容 简 介

本书主要介绍航空发动机整机振动故障诊断技术，内容包括航空发动机整机振动故障诊断研究背景和研究现状，航空发动机整机振动常见故障及信息融合诊断模型，基于支持向量机的航空发动机整机振动故障诊断，基于信息熵的航空发动机整机振动故障融合诊断，基于信息熵和支持向量机的航空发动机整机振动故障融合诊断，基于信息熵、模糊理论和支持向量机的航空发动机整机振动故障融合诊断，以及总结与展望。

本书可作为从事航空发动机维修、振动性能评估，以及故障诊断、故障预测和抑制工作的工程技术人员和科研人员的参考用书，也可供高等院校机械故障诊断等相关专业研究生和高年级本科生参考。

图书在版编目（CIP）数据

基于信息融合的航空发动机整机振动故障诊断技术／费成巍，艾延廷，田晶著. —北京：科学出版社，2020.5
ISBN 978-7-03-064214-1

Ⅰ. ①基…　Ⅱ. ①费…②艾…③田…　Ⅲ. ①航空发动机-整体结构-振动-故障诊断　Ⅳ. ①V263.6

中国版本图书馆 CIP 数据核字（2020）第 017586 号

责任编辑：朱英彪　赵晓廷／责任校对：王萌萌
责任印制：吴兆东／封面设计：蓝正设计

科学出版社 出版
北京东黄城根北街 16 号
邮政编码：100717
http://www.sciencep.com
北京凌奇印刷有限责任公司 印刷
科学出版社发行　各地新华书店经销

*

2020 年 5 月第 一 版　开本：720×1000 B5
2022 年 7 月第二次印刷　印张：9
字数：181 000
定价：80.00 元
（如有印装质量问题，我社负责调换）

前　　言

　　航空发动机整机振动故障诊断是航空发动机健康预测与管理领域的一项重要研究内容。航空发动机工作在高温、高压和高转速的极端环境中，其振动信号易受噪声信号和野值信号的干扰，存在故障信号较弱、信噪比较低、故障样本难以获得等问题，造成整机振动(故障)信号特征提取和诊断困难，严重影响航空发动机整机振动故障诊断的准确性和有效性。信息融合是近年来新兴的一门学科，已在许多领域得到广泛的应用，而在航空发动机整机振动故障诊断领域的应用研究方兴未艾。航空发动机整机振动故障诊断中可利用的信息很多，只有充分利用各种有用的故障信息，才能得到较高的故障诊断精度和可靠性。

　　本书从信息融合角度出发，基于信息熵、支持向量机(support vector machine, SVM)和模糊理论，系统介绍航空发动机整机振动故障融合诊断理论及其应用，探讨其中的关键问题，以提高航空发动机整机振动故障诊断的准确性和有效性。

　　航空发动机整机振动故障诊断技术主要包括信号特征提取技术和信号特征识别技术。在信号特征提取技术方面主要介绍信息熵方法，包括时域信号特征提取方法(奇异谱熵方法)、频域信号特征提取方法(功率谱熵方法)和几种时-频域信号特征提取方法(小波能谱熵方法、小波空间特征谱熵方法、小波相关特征尺度熵方法和小波包特征谱熵方法等)，以解决航空发动机整机振动时域信号和频域信号微弱、易受干扰且信噪比低，进而导致信号特征提取困难的关键问题；在信号特征识别技术方面主要介绍支持向量机方法和模糊支持向量机(fuzzy support vector machine, FSVM)方法，引入模糊隶属度，解决噪声信号和异常信号对航空发动机整机振动信号的影响，提高故障识别的准确性。基于以上方法和技术，本书先后介绍基于支持向量机的航空发动机整机振动故障融合诊断技术、基于信息熵的航空发动机整机振动过程特征分析与定量诊断技术、基于多种信号和多特征熵距的滚动轴承故障融合诊断技术、基于信息熵和支持向量机的航空发动机整机振动故障融合诊断技术、基于模糊信息熵的航空发动机整机振动故障融合诊断技术、基于多种模糊支持向量机的航空发动机整机振动故障融合诊断技术，以及基于信息熵、模糊理论和支持向量机的航空发动机整机振动故障融合诊断技术等多种信息融合故障诊断方法。

　　信息熵方法对提取航空发动机整机振动不同类型的信号和解决其关键问题效果突出，不仅能充分反映振动信号中的信息特征，还能实现故障的定量诊断。模糊支持向量机在航空发动机整机振动故障诊断和模式识别中具有良好的效果，其学习能力、泛化能力、鲁棒能力和抗干扰能力都很强。基于信息熵、支持向量机和模糊理论的信息融合技术，大大提高了航空发动机整机振动故障诊断和性能评估的准确性和有效性。本书可为科研工作者提供航空发动机维修、振动性能评估，以及故障检测、诊断、预测与抑制的新途径，丰富和发展了传统的机械故障诊断理论与方法，也为航空发动机故障诊断和其他领域的故障诊断提供参考，具有广泛的工程应用前景和重要的学术价值。

　　本书是在国家自然科学基金(51605016 和 51975124)和复旦大学引进人才项目(FDU38341)的联合资助下出版的。在前期的研究工作中，第 2~4 章的大部分研究内容是在沈阳航空航天大学艾延廷教授的指导下完成的，并得到辽宁省自然科学基金航空专项(2005400612)的资助；第 5 章和第 6 章的大部分研究内容是在北京航空航天大学白广忱教授的指导下完成的，并得到国家自然科学基金(51175017 和 51275024)、教育部高校博士点基金(20111102110011)、北京航空航天大学博士生创新基金(YWF-12-RBYJ-008)、教育部学术新人奖的资助。在本书撰写期间又得到了国家自然科学基金(51605016 和 51975124)、香江学者人才计划项目(XJ2015002 和 G-YZ290)、中国博士后科学基金(2015M580037)和复旦大学引进人才项目(FDU38341)的资助。

　　本书的撰写工作主要由费成巍博士完成，艾延廷教授为本书的修改与完善做了大量工作，田晶博士进行了部分内容的撰写与修改工作。

　　最后，向为本书提供支持、帮助和指导的机构和个人表示崇高的敬意和真挚的感谢！

　　本书内容涉及跨学科研究，知识面较宽，且对数学知识要求较高，由于作者水平有限，书中难免存在不妥之处，敬请广大读者批评指正。

2019 年 12 月

目　　录

第1章 绪 论

1.1 航空发动机整机振动故障诊断技术研究背景

随着对现代航空发动机性能的要求不断提高，航空发动机结构日益向轻量化和复杂化的方向发展，而其工作条件却日益恶劣[1]。航空发动机的可靠性和持久性直接影响发动机的经济性、使用率和飞机的飞行安全性[2]。据统计，由发动机引起的飞机故障占飞机总故障的80%左右，表明航空发动机是飞机飞行事故的重要故障源之一。振动是引起航空发动机故障的最重要原因，振动过大可造成航空发动机转子与静子存在小间隙(如密封、叶尖间隙等)的碰摩、轴承载荷过大、附件振动应力过大、电子设备稳定性降低、飞行过程中驾驶员和乘务员舒适性降低等问题，直接影响发动机正常工作和使用寿命，甚至危及人机安全，造成重大的安全事故[3-5]。航空发动机整机振动过大可能是发动机设计、制造和装配质量不高的反映，也可能是发动机已产生某种故障(如失衡、失稳等)的表现[6]。因此，如何监控航空发动机工作状态，进而快速、准确、有效地诊断出航空发动机故障，是当今世界各国相关领域研究人员关心的重要问题之一。20世纪60年代开始，各个国家对航空发动机的研制和使用提出了许多新的研究课题，发动机状态监控与故障诊断就是其中一个重要课题。

航空发动机故障指发动机的一种不达标的状态，这种不达标状态的发生会影响发动机正常运行或降低发动机的性能指标。航空发动机故障一般包括航空发动机零部件或构件的损坏、航空发动机系统或设备丧失规定的功能和航空发动机实际性能衰退超过规定的相应值[7,8]。航空发动机故障诊断就是在航空发动机运行过程中检测、识别和预测其运行状态变化情况，根据其状态信息的相应特征值，在事故发生之前及时做出判断，指明故障发生的原因和可能发生的部位，以便采取相应的决策，最终有效、及时地排除故障和消除隐患，达到提高发动机运行可靠性及安全性的目的[9]。航空发动机故障诊断包括故障检测(只指出故障发生的事实)、故障隔离(故障定位，将故障隔离到航空发动机的某个单元体或附件)和故障识别(指出故障的严重程度及发生部位)。

航空发动机整机振动故障诊断技术是指借助一定有效手段对与其各部件工作状态紧密相关的各种振动参数进行测量，根据所测量的数据信息对各部件工作状态的发展趋势做出有效的分析和判断，诊断出已经发生的故障或预报即将发生的故障，及时提出维修的技术方法，从而达到保证飞行安全、提高维修经济效益、降低运营或使用成本的目的[10]。航空发动机故障诊断不但能迅速、准确地确定故障部位及故障严重程度，以确保飞行安全，减少投入维修的人力、物力，缩短飞行器的停用时间，提高飞行器的使用率，而且有利于推动先进维修思想和维修方式的落实与实施。

实际上，由于航空发动机工作在复杂环境下，振动信号极其复杂，常常含有噪声、野值等干扰信号，直接采用传统的诊断技术进行航空发动机整机振动故障诊断效果并不理想。为了得到满意的效果，需要对多种振动信号特征进行融合，实现航空发动机整机振动故障的综合诊断。本书从信息融合的角度介绍基于信息融合的航空发动机整机振动故障诊断理论与方法，即采用航空发动机整机振动测量技术，结合某型航空发动机整机试验台和转子振动故障模拟试验台，完成航空发动机整机诊断参数测量，并应用信息融合的方法对数据进行处理，进而对航空发动机整机振动或转子振动故障进行有效的诊断和预测，达到提高和改善诊断准确性的目的。

1.2　航空发动机整机振动故障诊断技术研究现状

对于复杂的航空发动机，整机振动故障诊断一直是航空发动机研究的重点内容之一。20世纪60年代，国外在研制和生产航空发动机过程中开展了振动检测与振动故障诊断技术研究。然而，随着相关技术的快速发展，航空发动机性能不断得到提升，为满足飞机的安全性、可靠性、可维护性、适航性等方面的需求，航空发动机向着集成化和一体化方向发展，进一步增加了结构的复杂性。这就不但要求不断改进设计，提高制造和装配质量，确保交付合格航空发动机，而且要求在航空发动机研制和使用过程中采用先进的整机振动测量及分析技术，及时监测和评价航空发动机的工作状态及其变化趋势，并根据振动特性实现故障诊断[11,12]。如今，信息融合技术已成功应用于航空发动机台架试验整机振动状态检测和故障诊断中。

国内的研究单位和学者不甘落后，奋勇直追。例如，中国航空发动机集团有限公司沈阳发动机研究所已建成转子振动故障再现试验器[13]，能对航空发动机研制中出现的多种振动故障进行试验和信号分析，由于采用神经网络、小波分析技术等先进诊断技术，已经逐渐建立起更加完善的故障诊断专家系统；任泽刚将先进的信息处理方法和专家系统应用在航空发动机整机振动故障诊断中[14]；白杰等将故障方程、人工神经网络等方法应用在民用航空发动机故障诊断中[15]。随着智能检测技术、计算机技术、网络通信、信息处理技术及控制技术的飞速发展，各种复杂应用背景下的多传感器系统大量涌现，多传感器系统中多样化的信息表示、巨大的信息量、极其复杂的信息关系，以及信息处理的及时性、准确性和可靠性等方面的更高要求都是前所未有的挑战。这就需要利用计算机技术对获得的多传感器信息在一定准则下加以自动分析、综合优化来完成所需的估计与决策[16]，因此信息融合技术应运而生。确切地说，信息融合技术是随着信息处理和自动化技术的发展而形成的[17]。

信息融合的定义可以概括为充分利用不同时间与相异空间的多种信息资源，采用先进信息处理技术，对按时序获得的观测信息在一定准则下加以自动分析、全面综合、科学支配和使用，从而获得对被测对象的一致性解释与描述，完成所需的决策和估计任务，使系统获得比各部分单元更优越的性能[18]。

基于信息融合的故障诊断系统的原理如图 1.1 所示。该系统主要包括 6 部分：被测对象单元、多传感器信息单元、数据处理单元、特征提取单元、故障诊断单元和故障级别融合单元。故障诊断单元有多个传感器，用来采集故障诊断对象的数据。数据处理单元会对多个传感器所采集的数据进行预处理(如滤波、降噪等)，以减少噪声的干扰。特征提取单元主要判断预处理数据是否正常，并提取相应的

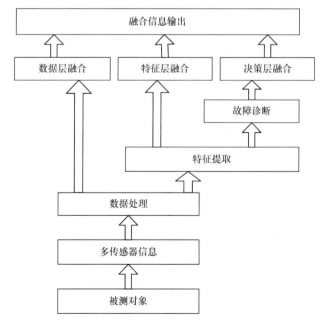

图 1.1　基于信息融合的故障诊断系统原理

特征。基于这些数据，故障诊断单元预测可能出现故障的单元(包括传感器故障)。故障级别融合单元就是运用相应的信息融合技术，根据不同层次的数据特征对各个传感器的故障诊断单元输出进行融合推断(根据不同的对象、不同的背景、不同的层次)，确定被测对象是否出现故障，以及最有可能出现故障的部位。

近 20 年来，信息融合技术越来越受到国内外学者的关注。西方发达国家比较重视信息融合技术，其发展也十分迅速。美国是信息融合技术起步最早且发展最快的国家，早在 20 世纪 70 年代，就有学者在美国国防部资助下从事声呐信号理解及融合的研究，开发出了声呐信号处理系统[19]；信息融合技术列为美国 90 年代重点开发的 21 项关键技术之一，研究人员开发和研制了一系列 C^4ISR(command(指挥)、control(控制)、communication(通信)、computer(计算机)、intelligence(情报)、surveillance(监视)、reconnaissance(侦察))系统及智能武器(intelligence weapon, IW)系统，并取得了一系列突破性的研究成果[20]。其他发达国家也很重视信息融合技术研究。1982 年，英国提出研制"海军知识库作战指挥系统"[21]，开发了炮兵智能信息融合系统、机动和控制系统等；随后英国、法国、爱尔兰、比利时、荷兰联合制定了"决策控制的传感器信号与知识综合系统"研究计划[22]。另外，法国、德国等国家在这方面的研究工作也十分活跃，例如，法国在 MARTHA 防空指挥控制系统应用信息融合技术[23]，德国在"豹 2"坦克中采用信息融合人工智能等关键技术[24]，并取得良好效果。

20 世纪 90 年代，我国开始信息融合技术的研究。国防科学技术工业委员会在"八五"6A 预研项目中设立"C^3I①数据汇集技术研究"课题[25]，各个航空研究所和航空院校也纷纷起步，取得了一大批研究成果[16-20, 22, 24-36]。

航空发动机复杂程度极高，且要求其具有非常好的性能。在进行航空发动机工况监测与故障诊断，实现按需维修、状态维修的工作中，经常出现令人难以接受的高概率的虚警、漏警等辨识"瓶颈"。过程量和工艺参数的变化能够反映航空发动机的工作状况，对整机性能的评价需要它们的支持，如果将其与振动参数融合起来，就能对振动行为做出更准确和更有效的评价。因此，强烈地要求发展信息融合故障诊断方面的技术，也非常有必要提出适用于整机振动故障诊断领域的各种信息融合技术，以便充分挖掘信息内涵，对多诊断信息进行有效的融合与利用，从而提高故障诊断的精度、有效性和可靠性。

本书作者将支持向量机、信息熵和模糊理论融合在一起，针对航空发动机整机振动故障诊断发展了一系列的信息融合诊断技术，获得了一系列的研究成果，具有一定的探索性和创新性。

---

① C^3I 即 command(指挥)、control(控制)、communication(通信)和 intelligence(情报)。

1.3　本书主要内容

本书内容共 7 章，其逻辑关系如图 1.2 所示。

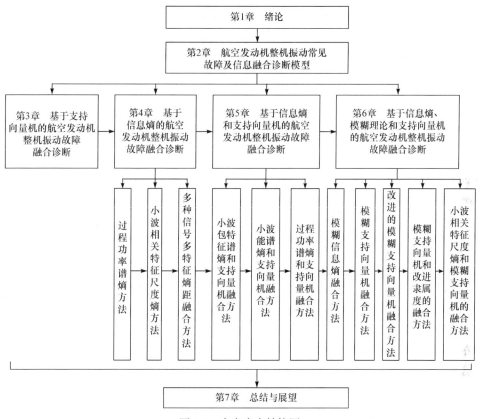

图 1.2　本书内容结构图

第 1 章介绍本书的相关背景，以及航空发动机整机振动故障诊断的意义和现状。

第 2 章介绍航空发动机整机振动常见故障及信息融合诊断模型。

第 3 章介绍支持向量机的分类方法及其在航空发动机整机振动故障诊断中的应用实例。

第 4 章介绍基于信息熵的航空发动机整机振动故障诊断技术：信息熵理论，包括奇异谱熵、功率谱熵、小波能谱熵、小波空间特征谱熵、小波相关特征尺度熵和小波包特征谱熵；功率谱熵的过程故障特征提取与诊断方法；小波相关特征尺度熵的故障特征分析与诊断方法；多种信号、多特征熵距故障融合诊断方法。

第 5 章介绍基于信息熵和支持向量机的航空发动机整机振动故障融合诊断技术，包括基于小波包特征谱熵和支持向量机的故障融合诊断方法、基于小波能谱熵和支持向量机的故障融合诊断方法、基于过程功率谱熵和支持向量机的故障融合诊断方法。

第 6 章介绍基于信息熵、模糊理论和支持向量机的航空发动机整机振动故障融合诊断技术，包括基于模糊信息熵的故障融合诊断方法、基于模糊支持向量机的故障融合诊断方法、基于改进模糊支持向量机的融合诊断方法、基于模糊支持向量机和改进隶属度的融合诊断方法、基于小波相关特征尺度熵和支持向量机的融合诊断方法。

第 7 章为总结与展望，包括对本书内容的总结、已解决的航空发动机整机振动故障融合诊断中的关键问题，并给出航空发动机整机振动故障融合诊断方法研究的一些想法和展望。

1.4　本章小结

本章首先介绍了本书写作的背景，凸显出本书出版的工程应用前景和学术价值；然后阐述了航空发动机整机振动故障诊断技术的研究现状与发展趋势，强调了信息融合技术在航空发动机整机振动故障诊断中的重要价值和意义；最后给出本书的基本结构和各章节内容的逻辑关系，并介绍了本书的主要内容。

参 考 文 献

[1] 陈光. 航空发动机故障分析[M]. 北京: 北京航空航天大学出版社, 2001.

[2] 范作民, 孙春林, 白洁. 航空发动机故障诊断导论[M]. 北京: 科学出版社, 2004.

[3] 徐启华, 师军. 应用 SVM 的发动机故障诊断若干问题的研究[J]. 航空学报, 2005, 26(6): 686-690.

[4] Ding W D, Yuan J Q. Spike sorting based on multiclass support vector machine with super position resolution[J]. Medical & Biological Engineering & Computing, 2008, 46(5): 139-145.

[5] 张宝诚. 航空发动机试验和测试技术[M]. 北京: 北京航空航天大学出版社, 2005.

[6] 张正松, 傅尚新, 冯冠平, 等. 旋转机械振动监测及故障诊断[M]. 北京: 机械工业出版社, 1991.

[7] 盛兆顺, 尹琦岭. 设备状态监测与故障诊断技术及应用[M]. 北京: 化学工业出版社, 2004.

[8] 吴伟力. 小波分析理论及其在航空发动机机械故障诊断中的应用[D]. 南京: 南京航空航天大学, 2000.

[9] 陈英涛. 航空发动机整机振动分析及其在故障诊断中的应用[D]. 沈阳: 沈阳航空工业学院, 2007.

[10] 王志, 艾延廷, 沙云东. 基于 BP 神经网络的航空发动机整机振动故障诊断技术研究[J]. 仪器仪表学报, 2007, (S1): 168-171.

[11] 韩鹏. 基于小波分析的旋转机械故障诊断方法的分析与研究[D]. 武汉: 武汉科技大学, 2003.

[12] Zhang Y P, Huang S H, Hou J H. Continuous wavelet grey moment approach for vibration analysis of rotating machinery[J]. Mechanical Systems and Signal Processing, 2006, 20(5): 1202-1219.

[13] 王德友. 旋转机械转静子碰摩振动特性[J]. 航空发动机, 1998, (2): 37-41.

[14] 任泽刚. WJ5A-I 航空发动机振动故障诊断方法研究[D]. 北京: 北京航空航天大学, 2001.

[15] 白洁, 范作民. 主成分分析在发动机状态监控与故障诊断中的应用[J]. 中国民航学报, 1998, 16(1): 1-8.

[16] 陈艳. 基于信息融合的机械故障诊断[J]. 煤矿机械, 2006, 27(1): 178-180.

[17] 金敬强, 武富春. 信息融合技术的发展现状与展望[J]. 电脑开发与应用, 2006, 19(1): 50-53.

[18] 王永成. 机载多传感器信息融合技术研究[D]. 南京: 南京理工大学, 2005.

[19] 马平. 多信息融合技术在旋转机械故障诊断中的应用研究[D]. 哈尔滨: 哈尔滨工业大学, 2006.

[20] 赵鹏. 基于信息融合技术的航空发动机故障诊断[D]. 西安: 西北工业大学, 2006.

[21] Joachims T. Making large-scale SVM learning practical[M]//Scholkopf B, Burges C, Smola A. Advances in Kernel Methods: Support Vector Learning. Cambridge: MIT Press, 1999.

[22] 张远. 基于信息融合技术的故障诊断模型和方法研究[D]. 长沙: 中南大学, 2003.

[23] Restrepo A, Zuluaga L, Pino L. Optimal noise levels for stochastic resonance[C]. IEEE International Conference on Acoustics, Speech, and Signal Processing, Munich, 1997: 2365-2368.

[24] 何友. 多传感器信息融合及应用[M]. 北京: 电子工业出版社, 2007.

[25] 张安华, 张洪才. 设备故障诊断中的信息融合技术[J]. 机械科学与技术, 1997, (4): 612-616.

[26] Ahmadi H, Tafreshi R, Sassani F, et al. Performance of informative wavelets for classification and diagnosis of machine faults[J]. International Journal of Wavelets, Multiresolution and Information Processing, 2003, 1(3): 275-289.

[27] Platt J. Fast raining of support vector machines using sequential minimal optimization[M]//Bernhard S. Advances in Kernel Methods: Support Vector Learning. Cambridge: MIT Press, 2001.

[28] 马可成, 巩孟祥, 宋文兴. 某型发动机整机振动故障诊断分析[J]. 航空发动机, 2007, 33(1): 24-26.

[29] 王志. 航空发动机整机振动故障诊断技术研究[D]. 沈阳: 沈阳航空工业学院, 2006.

[30] 陈英涛. 某型航空发动机整机振动分析及其在故障诊断中的应用[D]. 沈阳: 沈阳航空工业学院, 2007.

[31] 郁文贤, 雍少为, 郭桂蓉. 多传感器信息融合技术评述[J]. 国防科技大学学报, 1994, 16(3): 1-11.

[32] 梁继民, 杨万海, 蔡希尧, 等. 决策融合的模糊积分方法[J]. 西安电子科技大学学报, 1998, 29(4): 251-253.

[33] 张彦释, 姜兴渭. 多传感器信息融合及其在智能故障诊断中的应用综述[J]. 传感器技术, 1999, (12): 18-22.

[34] 王耀南, 李树涛. 多传感器信息融合及其应用综述[J]. 控制与决策, 2001, 16(5): 78-79.

[35] 腾召胜. 智能检测系统与数据融合[M]. 北京: 机械工业出版社, 1999.

[36] 王志鹏. 基于信息融合技术的故障诊断方法的研究及应用[D]. 大连: 大连理工大学, 2001.

第 2 章　航空发动机整机振动常见故障及信息融合诊断模型

航空发动机整机振动问题是发动机研制、使用和维修中的难题之一，而对航空发动机整机振动进行大量有效的测量，并分析故障产生机理、建立故障模式和识别系统是抑制甚至排除航空发动机振动故障的关键。航空发动机结构复杂、零件众多、工作情况多变，引起发动机振动的因素很多。不仅不同类型发动机中各种激振力的大小不同、性质各异，就是同种型号的各台发动机的激振力情况也有差异。由于激振力样式众多，幅值大小不同、频率迥异，再加上航空发动机中某些结构的非线性特征，发动机的振动频带很宽、形式复杂。因此，当航空发动机出现振动故障时，就要分析故障产生机理，利用故障诊断技术确定故障部位及严重程度，进而排除和抑制过大的振动。本章主要介绍航空发动机整机振动常见故障、信息融合理论及诊断模型，为其故障诊断的实施打下基础。

2.1　航空发动机整机振动常见故障

2.1.1　常见振动故障类型

故障诊断的关键在于找到航空发动机振动状态参数与振动故障特征参数之间的映射关系。比较典型的航空发动机振动故障如表 2.1 所示。

表 2.1　典型航空发动机振动故障类型

故障代码	故障类型
0	无故障
1	轴系不对中
2	转子系统在垂直面与水平面内不等(转子不平衡)
3	支承与转子或静子连接松动(支座松动)
4	转子叶片与静子机匣碰摩(转子碰摩)
5	密封碰摩
6	次谐波共振
7	轴承内、外环损伤

续表

故障代码	故障类型
8	工作叶片裂纹
9	失衡、振荡栅烧损、旋转失速、临界转速
10	失稳
11	结构共振

2.1.2　航空发动机整机振动测试

航空发动机整机振动测试的基本内容主要如下[1,2]。

(1) 航空发动机整机振动基本参数测量：压气机、涡轮、附件传动机匣和中介机匣外部的振动位移、速度、加速度总量，以及在轴承适当位置测量的轴承载荷及转子振动加速度、速度、位移、频率、相位、外传力等参数。

(2) 航空发动机整机振动特征参数测量：测量转子-支承系统以及机匣等能产生高频振动的构件的固有频率，转子的临界转速、振型、刚度、阻尼等模态参数和物理参数。

整机振动检测和信号分析技术主要用于识别航空发动机整机及各系统，特别是转子系统的机械状态和故障。振动测试系统主要由传感器、信号调节器(即二次仪表)、记录仪、分析仪及以计算机为中心的数据处理系统等部分组成。通常可根据测试的目的和要求，选用合适的测试系统。根据传感器参数的不同，振动测量方法分为机械测法、光测法和电测法三种。航空发动机整机振动测试中广泛采用电测法，主要测量参数为发动机 5 个截面位置处垂直方向和水平方向的 6 个振动速度信号和 3 个加速度信号。

选取某型双转子、双涵道混合加力式涡轮风扇发动机作为研究对象，该发动机的主要特点是推力大、耗油率低、可靠性高、维修方便、使用寿命长。在 H (海拔高度)=0 和 Ma(马赫数)=0 的标准大气压条件下，该型航空发动机的主要性能指标如表 2.2 所示。

表 2.2　某型航空发动机的主要性能指标

性能指标	参数值
发动机净质量/kg	1533
总长度/mm	4852
涡轮转子前最高温度/K	1665
总增压比	23
最大状态的最大耗油率/(kg/(daN·h))	0.765
加力状态的耗油率/(kg/(daN·h))	1.96

续表

性能指标	参数值
巡航状态的最小耗油率/(kg/(daN·h))	0.68
空气流量/(kg/s)	112
加力燃烧室最高温度/K	2355
涵道比	0.6
推重比	8.17
总增压比	23

注：1daN=9.8N。

　　传感器所测量的整机振动实际上是测点处的振动，为表征航空发动机的真实振动状态，测点的选择应具有代表性。根据发动机的实际情况，在航空发动机整机振动测试中采用电测法，选择某型航空发动机的 5 个典型截面的垂直方向和水平方向的 9 个位置作为振动测点[3]。航空发动机整机振动测点位置的选择如表 2.3 所示。图 2.1 给出了某型航空发动机典型截面的测量位置示意图。

表 2.3　航空发动机整机振动测点的位置选择

截面	位置	测点及其功能
1—1	穿过风扇前支点	1-测水平振动速度 2-测垂直振动速度
2—2	穿过中介机匣	3-测水平振动速度 4-测垂直振动速度
3—3	穿过低压涡轮支点	5-测水平振动速度 6-测垂直振动速度
4—4	外置附件机匣	7-测水平振动加速度 8-测垂直振动加速度
5—5	减速器(只测水平方向)	9-测水平振动加速度

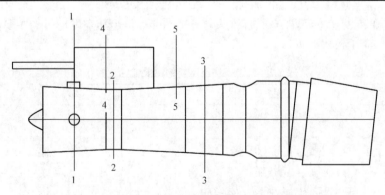

图 2.1　某型航空发动机典型截面的测量位置示意图

2.2　信息融合故障诊断技术的理论基础

将各种信息或数据(图像、声音、气味以及物理形状或上下文)融合起来形成对研究目标的有效解释,需要大量不同的智能处理技术及相应的知识库。信息融合技术是在各个传感器得到分离观测信息的基础上,通过对信息的优化提炼得到更多的有效信息。信息融合的最终目的是利用多个传感器联合操作的优势,来提高整个传感器系统的有效性和可靠性。信息融合技术的核心是对来自多个传感器的数据进行多方面、多级别、多层次的有效处理,从而产生新的有价值的可用信息[4]。

多传感器信息融合涉及多方面的理论和技术,如信息处理技术、模式识别技术、随机振动理论、计算机技术和人工智能技术等[5]。根据不同应用要求形成的各种方法都是信息融合不可或缺的部分。图 2.2 归纳了一些常用的信息融合方法。本书以支持向量机、信息熵和模糊理论为基础,介绍新的信息融合技术,可解决航空发动机整机振动不同类型故障的诊断问题。

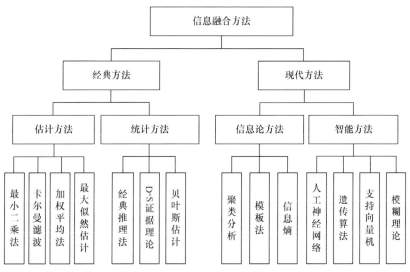

图 2.2　常用信息融合方法的归纳

根据数据信息融合的特征,信息融合技术分为数据层融合、特征层融合和决策层融合[6]。这三种信息融合方法的示意图分别如图 2.3~图 2.5 所示。

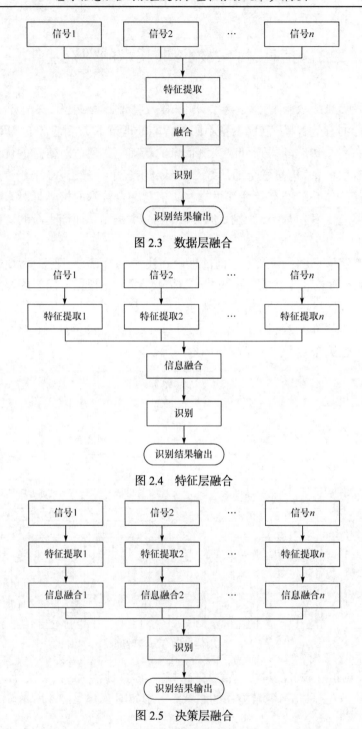

图 2.3　数据层融合

图 2.4　特征层融合

图 2.5　决策层融合

数据层融合能保持尽可能多的初始数据，进而提供其他融合层次所不能提供的详细信息，但具有数据处理量太大、处理代价高、处理时间长和实时性差等缺点。由于信息融合是在最低层次进行的，所以要求系统在融合时具有较高的纠错能力。在信息融合时，要求各传感器信息精确度高，传感器信息要来自同质的传感器。

特征层融合是一种中间层次的信息融合，首先提取来自传感器的原始信息特征，然后对特征信息进行融合分析和处理，提取的特征信息通常应是数据信息的充分表示量或统计量，最后按特征信息对传感器信息进行分类、汇集和综合。特征层融合的主要功能是对已提取的特征在空间和时间上进行分析与合并(如振动信号的谱阵分析、全息谱分析等)。特征层融合又可分为状态目标融合和特性目标融合。

决策层融合是一种比较高层次的信息融合，它是从具体决策问题的需求出发，充分利用特征层融合所提取的测量对象的各类特征信息，采用适当的融合技术来实现。决策层融合的主要功能是在已有先验知识的基础上，通过对来自不同信息源的信息进行识别而得到融合结果，再对局部的决策结果进行进一步的融合，使得最终的融合结果具有更高的精确度与可靠性。决策层融合技术具有灵活性高、信息传输带宽要求低、反映各个侧面不同类型信息的能力强、容错性强、通信量小、抗干扰能力强、传感器依赖性小(传感器同质、异质都可以)以及信息融合处理代价低等优势。

依照信息抽象概念的三个层次，融合的三个层次各有优缺点及适用范围。数据层融合和特征层融合都需要对传感器信息进行关联和配准，它们的识别顺序不一样，数据层融合对原始数据直接进行配准和关联，特征层融合先对特征向量进行配准和关联，再进行识别。决策层融合是先进行识别再对各个决策结果进行关联得到融合的判决结果。若能很好地对多源数据进行关联和配准，理论上说，数据层融合由于保持了尽可能多的原始数据，所以能得到最好的融合效果。决策层融合对传感器性质要求比较小，依赖性比较小，可以是同质的，也可以是异质的。决策层融合的诊断性能优于特征层融合。

在实际应用中，恰当选择一个层次进行融合是一个系统工程问题，需要综合考虑通信带宽、信源等综合因素，以及可用的计算资源等方面因素的影响。因此，不存在能够适用于所有情况或应用的普遍结构。

2.3　基于信息融合技术的故障诊断模型

2.3.1　信息融合模型

很多学者从自己的研究角度提出了一些信息融合模型，也试图从功能和结构角度解释多传感器融合技术。其中最有影响和权威的是美国 C³I 技术委员会数据融合专家组提出的多传感器信息融合分布式文件支持(distributed file support, DFS)系统的功能模型，如图 2.6 所示。

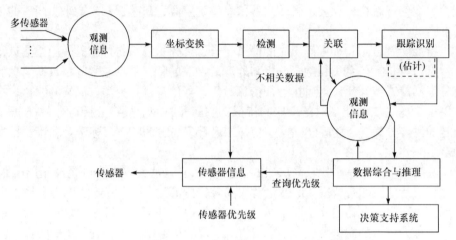

图 2.6　多传感器信息融合 DFS 系统的功能模型

图 2.6 是信息融合技术的综合应用模型，为学者提供了课题选取、问题讨论的统一背景框架。不过，它描述的是信息融合技术支持下的综合性信息处理的一个过程，而不是对于信息融合技术本身的解释。

2.3.2　信息融合故障诊断框架

信息融合实际上是一种把孤立的多传感器信息进行融合的技术。信息融合框架也就是对多个信息进行融合的过程。该框架非常重要，且与系统识别的精度密切相关。从实际中抽象出来较为全面的且能表现出信息融合故障诊断的一般框架如图 2.7 所示。

本书从信息融合的角度出发，基于支持向量机、信息熵和模糊理论，针对不同的故障，提出相应的信息融合故障诊断模型和诊断方法，并通过航空发动机整机振动故障诊断或转子振动故障诊断实例加以验证。其中，基于信息熵和支持向量机的航空发动机整机振动故障诊断模型如图 2.8 所示。

从图 2.8 可以看出，整个故障诊断模型分为两层：基于信息熵的特征提取诊断层和基于支持向量机的融合决策诊断层。在基于信息熵的特征提取诊断层中，首先通过相应传感器分别把待诊断的航空发动机整机振动故障信息转换为相应的各种数据参数；然后通过信息熵对这些参数进行分析与处理，并提取相应有价值的信息特征，根据各子参数空间构造相应的故障特征子空间；最后根据子故障特征空间,独立地构造相应支持向量机网络的学习样本和测试样本,为以后的支持向量机融合决策诊断做准备。在基于支持向量机的融合决策诊断层中,首先用信息熵特征提取诊断层中各子网络的输出结果作为相应支持向量机网络学习的样本和测试样本,并对支持向量机模型进行训练;然后对训练好的支持向量机模型进行测试,进而对待诊断系统做出评价,最终得出诊断结论,即航空发动机整机振动故障状态(类型与程度)。

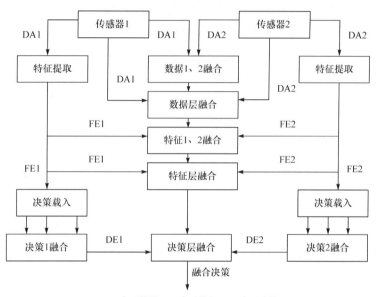

DA表示数据;FE表示特征;DE表示决策

图 2.7 信息融合故障诊断的一般框架

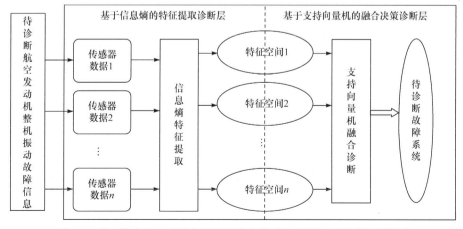

图 2.8 基于信息熵和支持向量机的航空发动机整机振动故障诊断模型

2.4　本　章　小　结

　　本章主要介绍了航空发动机整机振动故障诊断的基本理论和知识，内容包括航空发动机整机振动常见故障类型和整机振动测试试验技术、信息融合故障诊断技术的理论基础(包括数据层信息融合技术、特征层信息融合技术和决策层信息融合技术)，以及基于信息融合技术的故障诊断模型和一般框架等，为后续介绍基于信息融合的航空发动机整机振动故障诊断技术奠定基础。

参 考 文 献

[1] 马可成, 巩孟祥, 宋文兴. 某型发动机整机振动故障诊断分析[J]. 航空发动机, 2007, 33(1): 24-26.

[2] 王志. 航空发动机整机振动故障诊断技术研究[D]. 沈阳: 沈阳航空工业学院, 2006.

[3] 王志, 艾延廷, 沙云东. 基于 BP 神经网络的航空发动机整机振动故障诊断技术研究[J]. 仪器仪表学报, 2007, (S1): 168-171.

[4] 梁继民, 杨万海, 蔡希尧, 等. 决策融合的模糊积分方法[J]. 西安电子科技大学学报, 1998, 29(4): 251-253.

[5] 张彦释, 姜兴渭. 多传感器信息融合及其在智能故障诊断中的应用综述[J]. 传感器技术, 1999, (12): 18-22.

[6] 腾召胜. 智能检测系统与数据融合[M]. 北京: 机械工业出版社, 1999.

第3章 基于支持向量机的航空发动机整机振动故障融合诊断

3.1 支持向量机简介

3.1.1 支持向量机的发展

支持向量机能很好地处理回归分析(时间序列分析)和模式识别(分类、判别分析)等诸多问题,可用于预测和综合评价等领域,是一种数据挖掘方法。目前,支持向量机广泛应用于分类和回归分析中。支持向量机是由 Vapnik 领导的贝尔实验室研究小组于 1963 年提出的一种新的分类技术。由于当时研究尚不十分完善,在解决模式识别问题中往往趋于保守和数学上比较难处理,所以一直没有得到充分的重视。直到 20 世纪 90 年代,统计学习理论(statistical learning theory, SLT)趋于成熟和神经网络等较为新兴的机器学习方法研究遇到困难,例如,如何确定网络结构的问题,如何避免过学习与欠学习问题以及局部极小点问题等,使得支持向量机得到迅速发展和完善。支持向量机在解决小样本、非线性及高维模式识别问题中表现出许多特有的优点[1]。

3.1.2 基于支持向量机的航空发动机整机振动故障诊断模型

由于支持向量机在信息融合领域中的应用得到很大的关注,所以基于支持向量机多传感器信息融合的应用实例较多。基于支持向量机的信息融合航空发动机整机振动故障诊断模型如图 3.1 所示。融合系统首先对传感器数据进行预处理以完成数据特征提取,然后对特征进行关联处理,把特征向量进行有效的分类,对目标状态进行融合识别[2]。

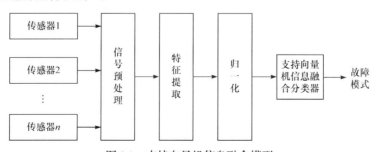

图 3.1 支持向量机信息融合模型

3.2　支持向量机基础

支持向量机是由线性可分情况下的最优分类线演变而来的。基于风险最小化原理，Vapnik 提出了支持向量机这种新的分类方法[3]，其原理如图 3.2 所示。

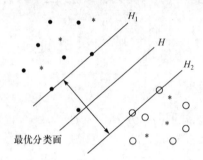

●和○表示两类数据样本；∗表示含有野值或噪声的样本

图 3.2　支持向量机方法原理

图 3.2 中，H 为分类超平面，H_1 和 H_2 是通过各类中离最优超平面 H 最近的样本且平行于最优超平面 H 的面，H_1 和 H_2 之间的距离称为分类间隔(margin)。最优分类线就是不但能正确分开两类样本(训练错误率为 0)，而且能使分类间隔最大的分类线。在高维空间中，最优分类线就成为最优分类超平面。H_1 和 H_2 上的样本点就是支持向量。

3.2.1　最优分类面

设给定训练数据为 $\{\boldsymbol{x}_i, y_i\}_{i=1,2,\cdots,l}$，其中 $\boldsymbol{x}_i$ 是第 i 个输入样本，且 $\boldsymbol{x}_i \in \mathbf{R}^n$；$y_i$ 是第 i 个输入样本对应的输出响应值，且 $y_i \in \{-1, +1\}$；l 是样本集中的样本总数，若 n 维空间中的线性判别函数的一般形式为 $f(\boldsymbol{x}) = \boldsymbol{\omega} \cdot \boldsymbol{x} + b$，则对应的分类面方程如下：

$$\boldsymbol{\omega} \cdot \boldsymbol{x} + b = 0 \tag{3.1}$$

式中，$\boldsymbol{\omega}$ 和 b 是线性判别函数的参数，即一次项系数和常数项。

将线性判别函数归一化，使两类所有样本都满足 $|f(\boldsymbol{x})| \geqslant 1$，此时离分类面最近的样本 $f(\boldsymbol{x}) = 1$，要求分类面对所有样本都能正确分类，即对任意样本 $(\boldsymbol{x}_i, y_i)$ 满足

$$y_i(\boldsymbol{\omega} \cdot \boldsymbol{x}_i + b) - 1 \geqslant 0, \quad i=1, 2, \cdots, l \tag{3.2}$$

若集合中的数据都可以被分类面正确划分，则该分类面就是最优超平面(或线)，如图 3.2 中的 H。由于支持向量与超平面之间的距离为 $1/\|\boldsymbol{\omega}\|$，则支持向量间距为 $2/\|\boldsymbol{\omega}\|$。

于是，寻找最优超平面的问题可转化为求二次规划问题，即

$$\phi(\boldsymbol{\omega}) = \frac{1}{2}\|\boldsymbol{\omega}\|^2 \tag{3.3}$$

式中，$\phi(\cdot)$ 是二次规划函数。

式(3.3)的约束条件为如下不等式：

$$y_i(\boldsymbol{\omega}\cdot\boldsymbol{\omega}+b) \geqslant 1, \quad i=1, 2, \cdots, l \tag{3.4}$$

在线性条件下，式(3.3)的最优解为如下 Lagrange 函数的鞍点：

$$L(\boldsymbol{\omega},b,a) = \frac{1}{2}\|\boldsymbol{\omega}\|^2 - \sum_{i=1}^{l} a_i\{y_i(\boldsymbol{\omega}\cdot\boldsymbol{x}+b)-1\} \tag{3.5}$$

式中，a 为非负 Lagrange 乘子。

在鞍点处，由于 $\boldsymbol{\omega}$ 和 b 的梯度均为 0，可知最优超平面系数 a 满足 $\sum\limits_{i=1}^{l} a_i y_i = 0$，此时最优超平面是训练集合中向量的线性组合，即

$$\boldsymbol{\omega} = \sum_{i=1}^{l} a_i y_i \boldsymbol{x}_i \tag{3.6}$$

由于只有支持向量可以在式(3.6)的展开式中具有非零系数 a_i，这时的支持向量就是使式(3.6)成立的向量，所以只有支持向量会影响最终的分类结果，数学表述为

$$\boldsymbol{\omega} = \sum_{支持向量} a_i y_i \boldsymbol{x}_i \tag{3.7}$$

由库恩-塔克(Kuhn-Tucker)条件可知，最优解应满足

$$a_i\{y_i(\boldsymbol{\omega}\cdot\boldsymbol{x}+b)-1\} = 0 \tag{3.8}$$

将式(3.7)和式(3.8)代入式(3.6)，则最优超平面的问题就转化为一个较为简单的二次规划问题，可知分类平面为

$$f(\boldsymbol{x}) = \mathrm{sgn}\left(\sum_{i=1}^{l} a_i y_i (\boldsymbol{x}_i \cdot \boldsymbol{x}) + b\right) \tag{3.9}$$

对于线性不可分的情况，支持向量机引入松弛变量 ζ 和惩罚因子 C，使目标函数变为

$$\phi(\boldsymbol{\omega}, \boldsymbol{\zeta}) = \frac{1}{2}\|\boldsymbol{\omega}\|^2 + C\left(\sum_{i=1}^{l}\zeta_i\right) \tag{3.10}$$

此外，支持向量机通过非线性变换将输入空间变换到高维空间，在新的高维空间中求解最优分类面。线性可分情况下的点积运算变为

$$K(\boldsymbol{x}_i, \boldsymbol{x}) = \langle \varphi(\boldsymbol{x}_i) \cdot \varphi(\boldsymbol{x}) \rangle \tag{3.11}$$

由此得到的分类函数为

$$f(\boldsymbol{x}) = \text{sgn}\left(\sum_{i=1}^{l} a_i y_i \cdot K(\boldsymbol{x}_i, \boldsymbol{x}) + b\right) \tag{3.12}$$

3.2.2　核函数

支持向量机实现是通过某种事先选择的核函数将输入向量映射到一个高维特征空间，构造出最优分类超平面。使用支持向量机进行数据集分类的过程如下：首先预先选定一些非线性映射，然后将输入空间映射到高维特征空间。图 3.3 为低维空间到高维空间非线性映射示意图。

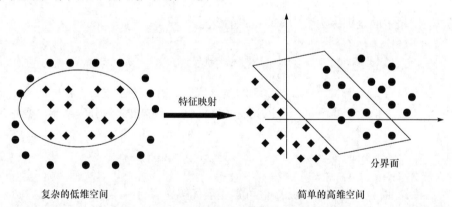

特征映射

分界面

复杂的低维空间　　　　　　　　　　　　　简单的高维空间

图 3.3　低维空间到高维空间非线性映射示意图

在高维空间中，支持向量机的分类函数是一组以支持向量为参数的非线性函数的线性组合，因此其表达式仅和支持向量的数量有关，而独立于空间的维度。高维输入空间的分类过程如图 3.4 所示。

支持向量机通过事先选择好的映射将输入向量 $\boldsymbol{x}$ 映射到高维特征空间 $\boldsymbol{Z}$，在这个空间构造最优分类超平面。在形式上支持向量机的分类函数类似于神经网络，输出是中间节点的线性组合，每个中间节点对应一个支持向量[3-5]，如图 3.5 所示。

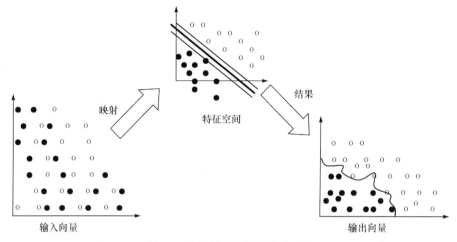

图 3.4　高维输入空间的分类过程

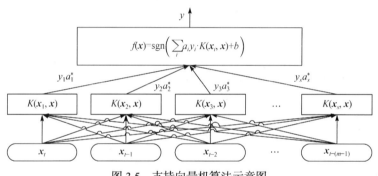

图 3.5　支持向量机算法示意图

由最优分类超平面可知，向量之间只进行点积运算。因此，如果采用核函数(kernel function)，就可以避免在高维特征空间进行复杂的运算。该过程可以表述为输入向量 $\boldsymbol{X}$ 通过映射：$\mathbf{R}^n \to \boldsymbol{H}$，映射到高维 Hilbert 空间 $\boldsymbol{H}$ 中，该核函数 K 满足 $(\boldsymbol{x}, \boldsymbol{y}) = (\varphi(\boldsymbol{x}) \cdot \varphi(\boldsymbol{y}))$，显然不同的核函数将形成不同的算法(即不同的支持向量机)。

常用的核函数有线性核函数、多项式核函数、高斯径向基核函数(Gauss radial basis function, GRBF)和 Sigmoid 核函数等，这里选用的核函数是高斯径向基核函数，即

$$K(\boldsymbol{x}_i, \boldsymbol{x}) = \exp\left(\frac{-\|\boldsymbol{x} - \boldsymbol{x}_i\|^2}{\sigma^2}\right) \tag{3.13}$$

构造的支持向量机的判别函数为

$$f(\boldsymbol{x}) = \mathrm{sgn}\left\{ \sum_i a_i \exp\left(\frac{-\|\boldsymbol{x} - \boldsymbol{x}_i\|^2}{\sigma^2} \right) - b \right\} \qquad (3.14)$$

式中，σ 为核宽度。

3.3　支持向量机分类

前面支持向量机的分类只考虑了两类分类问题，在实际应用中，航空发动机整机振动故障诊断是多类故障的诊断问题，需要建立多类支持向量机分类器。

3.3.1　支持向量机多类分类原理

支持向量机处理多类分类问题的思路[6]如下：假设航空发动机整机振动故障训练样本集为 $T = \{(\boldsymbol{x}_i, y_i), \cdots, (\boldsymbol{x}_l, y_l)\} \in (X \times Y)^l$，其中 $\boldsymbol{x}_i \in X = \mathbf{R}^n$，$y_i \in Y = \{1, 2, \cdots, M\}$，$i = 1, 2, \cdots, l$。寻找 $\mathbf{R}^n$ 上的一个判别函数 $f(\boldsymbol{x})$，与任一输入 $\boldsymbol{x}$ 相对应的 y 值。多类分类问题实质上就是找到一个把 $\mathbf{R}^n$ 上的点分成 M 部分的规则。

支持向量机处理多类分类问题的一般思路如下。

(1) 对 $j = 1, 2, \cdots, M$ 进行如下运算：把第 j 类看作正类，把其余的 $M-1$ 类看作负类，根据支持向量机相关理论可求出决策函数，即

$$f^j(\boldsymbol{x}) = \mathrm{sgn}(g^j(\boldsymbol{x})) \qquad (3.15)$$

式中

$$g^j(\boldsymbol{x}) = \sum_{i=1}^{l} y_i a_i^j K(\boldsymbol{x}, \boldsymbol{x}_i) + b^j \qquad (3.16)$$

(2) 判定输入 $\boldsymbol{x}$ 属于第 J 类，其中 J 是 $g^1(\boldsymbol{x}), g^2(\boldsymbol{x}), \cdots, g^M(\boldsymbol{x})$ 中的最大值标注，$J \in \{1, 2, \cdots, M\}$。

通过上述两个步骤，依次对剩下的训练样本数据进行分类就可以构造将 n 类数据样本进行分类的多类分类器。

3.3.2　支持向量机多类分类方法

目前，支持向量机多类分类算法是一个正在研究的课题。支持向量机算法最初是由二值分类问题引发的，当处理多类问题时，需要构造合适的多类分类器。要有效地将支持向量机拓展到多类支持向量机，可以采用如下两种方法：①组合几个二值分类器来构造多类分类器；②在一个优化公式中直接考虑所有数据进行全局优化。然而，不管是由二值分类器组合构造还是全局优化，解决多类支持向量机问题的公式中都会含有与分类数目成比例的变量。因此，在数据数目相同的

情况下，多类问题的计算要比二值分类问题的计算复杂得多。由多个二值分类器构造的多类分类方法包括一对多(one against all, 1-a-a)分类法、一对一(one against one, 1-a-1)分类法和二叉树(binary tree)分类法。下面将介绍基于二值分类器的构造方法和全局优化方法。

1. 一对多分类法

一对多分类法是用一个分类机，把一类和余下的各类划分开，据此推断某个输入 X 的归属。用一个二维分类问题说明其计算过程，假设这个分类问题涉及"1"、"2"、"3"三类，实际上它们是被从一点出发的三条射线分开的，如图 3.6 所示。

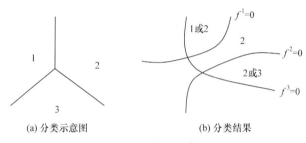

(a) 分类示意图　　　　　　　(b) 分类结果

图 3.6　一对多分类方法原理

2. 一对一分类法

一对一分类法是以式 (3.16) 为训练集，对所有的 $(i,j) \in \{(i,j) | i \leq j, i,j = 1,2,\cdots,M\}$ 进行下列运算：首先从训练集中抽取所有的 $y = i$ 和 $y = j$ 的样本点，然后基于这些样本点组成一个训练集 T_{i-j}，最后用求解两类分类问题的支持向量机求得实值函数 $g^{i-j}(\boldsymbol{x})$ 和判定 $\boldsymbol{x} \in \boldsymbol{X}$ 属于第 i 类或第 j 类的分类机：

$$f^{i-j}(\boldsymbol{x}) = \begin{cases} i, & g^{i-j}(\boldsymbol{x}) > 0 \\ j, & \text{其他} \end{cases} \tag{3.17}$$

对给定的一个测试输入 $\boldsymbol{x}$ 推断它属于第几类时，需要考虑上述所有的分类机对 $\boldsymbol{x}$ 所属类别的意见。该分类中 M 类问题就有 $(M-1)M/2$ 个分类机。

3. 二叉树分类法

二叉树分类法的思想是先将所有类别划分为两个子类，每个子类再划分为两个子类，以此类推，直到划分出最终类别。假设八类多类问题{1,2,3,4,5,6,7,8}，其中每个中间节点或者根节点(圆圈)代表一个二类分类机，8 个终端节点(树叶)代表 8 个最终类别，其二叉树分类法分类思路如图 3.7 所示。

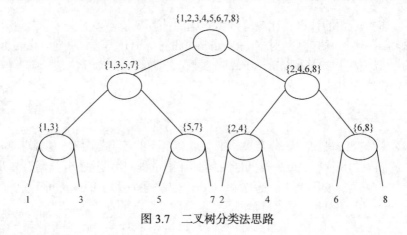

图 3.7 二叉树分类法思路

4. 全局优化分类方法

该方法是通过修改目标函数,把多分类问题转换为单个优化问题,从而建立 k 分类支持向量机[7]。由二分类支持向量机推广可得

$$\begin{cases} \min_{\boldsymbol{\omega},\boldsymbol{\xi},b}\phi(\boldsymbol{\omega},\boldsymbol{\xi})=\frac{1}{2}\sum_{m=1}^{k}\|\boldsymbol{\omega}\|^2+C\sum_{i=1}^{l}\sum_{m=1}^{k}\xi_i^m \quad \boldsymbol{\omega}_m^{\mathrm{T}}\phi(\boldsymbol{x}_i)+b \geqslant \boldsymbol{\omega}_m^{\mathrm{T}}\phi(\boldsymbol{x}_i)+b_m+2-\xi_i^m \\ \xi_i^m \geqslant 0, \quad i=1,2,\cdots,l; m=1,2,\cdots,k \end{cases} \tag{3.18}$$

式中,b_m 为第 m 个判别函数的常数项;k 为判别函数的个数;l 为样本的个数。

实践证明,该方法得到的结果和一对多分类方法相比精确度相近。但是,这个最优化问题要同时处理所有的支持向量,所花费的训练时间相对较多。

3.3.3 支持向量机的属性和研究现状

目前,支持向量机已经在许多领域得到了广泛的研究和应用。支持向量机的属性和研究现状总结如表 3.1 所示。

表 3.1 支持向量机的属性和研究现状

支持向量机的优势[8]	(1) 可以解决小样本情况下的机器学习问题;
	(2) 可以提高泛化性能;
	(3) 可以解决高维问题;
	(4) 可以解决非线性问题;
	(5) 可以避免神经网络的结构选择和局部极小点问题
支持向量机的研究热点	(1) 模式识别;
	(2) 回归估计;
	(3) 概率密度估计

续表

支持向量机的主要核函数	(1) 多项式核函数； (2) 高斯径向基核函数； (3) Sigmoid 核函数
支持向量机的应用	(1) 文本分类； (2) 人脸识别； (3) 三维物体识别； (4) 遥感图像分析； (5) 函数逼近； (6) 时间序列预测； (7) 数据压缩； (8) 优化支持向量机算法； (9) 支持向量机改进方法； (10) 支持向量机硬件实现
支持向量机的难点	(1) 如何在非监督模式识别问题中应用统计学习理论； (2) 如何用理论或试验的方法计算 VC 维 (Vapnik-Chervonenkis dimension)； (3) 经验风险和实际风险之间的关系称为推广性的界，当$(h/n)>0.37$ 时(h 为 VC 维，n 为样本数)，推广性的界是松弛的，如何寻找一个更好地反映学习机器能力的参数得到更紧的界； (4) 实现结构风险最小化(structural rick minimization，SRM)时，如何选择函数子集结构

3.4　航空发动机整机振动故障诊断实例分析

3.4.1　参数选择和支持向量机模型的建立

根据前面典型故障特性分析，研究航空发动机整机振动的 5 个典型截面。这些典型截面中包含 9 个测点，因此支持向量机模型的输入层节点数为 9。这里选择整机振动中的 3 种典型故障模式和 1 种无故障模式为研究对象，即输出节点数为 4，分别用 1、2、3、4 代表轴系不对中、转子不平衡、转子碰摩和无故障。

将每种模式提取 5 个特征向量，取 4 种故障模式共 20 个特征向量作为训练样本，如表 3.2 所示。利用这些数据建立基于支持向量机的航空发动机整机振动故障诊断模型。建立振动故障诊断模型后，再将每种故障模式的后 5 个特征向量作为测试样本，以检验支持向量机模型的分类效果。目前，支持向量机的核函数选取及相应参数的选择还没有统一、有效的规则。根据经验，选择核函数为径向

基核函数，即 $K(x_i, x) = \exp\left(-\dfrac{\|x - x_i\|^2}{2\delta}\right)$；参数 δ 取 0.07；惩罚因子 C 取 1。

表 3.2　某型航空发动机整机振动故障诊断训练数据样本

故障模式	测点 1 /(mm/s)	测点 2 /(mm/s)	测点 3 /(mm/s)	测点 4 /(mm/s)	测点 5 /(mm/s)	测点 6 /(mm/s)	测点 7 /(mm/s²)	测点 8 /(mm/s²)	测点 9 /g	所属类别	诊断结果
轴系不对中	6.11	24.41	6.51	50.32	8.57	23.46	7.70	7.66	103.92	1	1
	36.31	37.26	34.96	23.51	21.51	30.21	20.76	23.56	105.96	1	1
	35.11	35.24	24.40	33.21	32.24	17.24	12.44	24.45	66.25	1	1
	24.44	39.45	9.38	37.51	24.76	25.96	17.83	5.44	101.16	1	1
	6.89	30.28	11.29	40.01	16.89	33.91	39.13	22.57	70.28	1	1
转子不平衡	18.86	24.80	14.57	15.85	20.62	19.98	11.09	16.51	115.64	2	2
	38.16	51.93	30.69	16.27	25.15	23.99	19.23	20.56	123.94	2	2
	32.58	45.55	15.55	16.66	24.35	22.98	16.38	19.82	120.91	2	2
	42.91	55.05	30.75	22.52	25.43	24.88	28.80	24.40	134.28	2	2
	38.16	51.93	30.69	16.27	25.15	23.99	19.23	20.56	123.94	2	2
转子碰摩	29.05	37.23	30.59	39.23	24.46	17.84	24.45	29.64	220.63	3	3
	7.20	9.70	11.83	12.33	10.98	14.18	5.53	8.10	143.97	3	3
	17.62	27.25	26.24	28.33	22.84	16.24	19.34	23.60	116.15	3	3
	21.93	25.38	24.19	22.29	23.90	18.73	23.01	29.71	113.09	3	3
	28.17	22.89	20.25	25.62	24.16	19.28	7.29	9.91	138.22	3	3
无故障	9.15	9.87	12.63	12.24	14.29	15.69	6.39	7.32	112.06	4	4
	23.93	34.80	25.60	30.78	22.37	17.51	20.47	25.75	112.39	4	4
	17.62	27.25	26.24	28.33	22.84	16.24	19.31	23.60	116.15	4	4
	33.40	33.57	30.76	17.17	22.44	29.66	20.18	21.48	86.21	4	4
	34.10	34.34	32.34	19.90	22.20	30.81	20.31	21.79	99.88	4	4

3.4.2　支持向量机模型的训练和测试

利用表 3.2 所列出的 4 种模式的 5 个特征向量对建立的支持向量机模型进行训练，再用这些数据作为输入对支持向量机进行模拟测试，其分类正确率为 100%，诊断结果如表 3.2 所示。实现这些数据的完全正确分类，说明支持向量机具有良好的学习能力。

为了检验诊断系统在有噪声干扰条件下的诊断能力，给输入数据叠加高斯白噪声，重新生成信噪比为 5 的信号作为新的输入数据，诊断结果如表 3.3 所示，有 2 个样本为错误分类,分类正确率为 90%。可见,在强噪声干扰条件下,诊断系统能比较成功地对输入样本进行分类,说明支持向量机具有较好的抗干扰能力和容错能力。

表 3.3　有噪声干扰条件下的诊断结果

样本编号	所属类别	诊断结果	最大隶属度
1	1	1	0.9984
2	1	1	1.0000
3	1	1	1.0000
4	1	1	0.9789
5	1	1	0.9958
6	2	4	0.3546
7	2	2	1.0000
8	2	2	0.9998
9	2	2	0.9928
10	2	2	0.9986
11	3	3	1.0000
12	3	3	0.9564
13	3	3	1.0000
14	3	3	0.9863
15	3	3	0.9725
16	4	1	0.1937
17	4	4	1.0000
18	4	4	0.9195
19	4	4	1.0000
20	4	4	0.9998

3.4.3　分析结果与讨论

为检验支持向量机的泛化能力,另外选取 20 组陌生的整机振动故障数据作为测试样本,将其输入已训练好的支持向量机故障诊断模型,所测试的结果中仅有 4 个发生误判,其他均正确无误,分类正确率为 80%。其中 20 组陌生样本及其预测结果如表 3.4 所示。表中加黑的数据为误判的样本,即诊断结果与所属故障类别不同。这进一步说明支持向量机具有不错的学习能力,能在少样本情况下实现较好的分类,具有良好的泛化能力。

表 3.4 支持向量机对陌生样本诊断的部分结果

故障模式	测点 1 /(mm/s)	测点 2 /(mm/s)	测点 3 /(mm/s)	测点 4 /(mm/s)	测点 5 /(mm/s)	测点 6 /(mm/s)	测点 7 /(mm/s²)	测点 8 /(mm/s²)	测点 9 /g	所属类别	诊断结果
轴系不对中	**7.91**	**24.91**	**5.56**	**51.9**	**9.68**	**23.18**	**7.91**	**7.86**	**100.38**	**1**	**2**
	46.91	38.62	43.69	32.15	12.15	33.12	32.67	32.65	99.96	1	1
	53.11	34.42	28.04	33.21	42.42	17.17	14.24	24.45	66.25	1	1
	22.42	38.96	10.94	33.58	25.69	25.96	31.02	9.78	103.29	1	1
	7.39	22.68	31.98	25.23	17.25	16.98	40.01	14.25	106.78	1	1
转子不平衡	25.43	24.18	30.69	15.58	19.98	20.62	21.90	61.15	105.46	2	2
	38.61	**15.93**	**14.57**	**61.27**	**52.15**	**32.99**	**19.32**	**20.65**	**132.49**	**2**	**1**
	7.85	9.74	13.46	13.40	7.28	9.51	12.18	19.82	128.32	2	2
	22.90	30.79	23.60	24.56	18.30	23.89	19.38	18.69	94.86	2	2
	26.16	36.60	27.00	27.62	33.77	21.75	26.85	21.86	111.58	2	2
转子碰摩	20.25	28.33	30.95	93.23	42.46	18.74	21.25	20.46	120.63	3	3
	27.25	9.70	12.33	11.83	22.84	19.34	23.60	9.19	132.07	3	3
	25.38	7.20	29.05	28.17	10.98	21.93	14.18	5.53	106.51	3	3
	16.24	17.62	24.19	22.29	23.90	18.73	23.01	29.71	103.90	3	3
	37.23	**22.89**	**26.24**	**25.62**	**24.16**	**19.28**	**7.29**	**9.91**	**118.22**	**3**	**1**
无故障	34.10	23.93	12.63	22.84	14.29	17.51	21.79	7.32	121.06	4	4
	9.87	34.80	25.60	30.78	22.37	15.69	20.47	25.75	121.93	4	4
	33.57	**27.25**	**26.24**	**28.33**	**12.24**	**16.24**	**19.31**	**20.31**	**106.51**	**4**	**3**
	30.76	17.62	33.40	17.17	29.66	22.44	20.18	21.48	106.21	4	4
	9.15	34.34	32.34	19.90	22.20	30.81	23.60	6.39	119.08	4	4

为便于比较，针对相同的训练样本和测试样本集，设计基于反向传播(back propagation, BP)神经网络的多故障分类器。该分类器是 4×17×4 三层网络，训练正确识别率也为 100%，但对测试样本进行识别的结果不尽如人意，识别率仅为 75%。神经网络错误识别样本如表 3.5 所示。

表 3.5 神经网络错误识别样本

样本标号	理想输出	属于某种故障的隶属度			实际输出
1	0 0 1	0.071	0.875	0.928	0 1 1
5	0 1 0	0.832	1.142	0.049	1 1 0
11	1 0 0	0.992	0.075	0.979	1 0 1
16	1 0 1	0.036	0.928	0.325	0 1 0
19	1 0 1	0.123	0.894	0.989	0 1 1

　　分析结果表明，支持向量机在小样本情况下具有良好的学习能力、较好的抗噪声容错能力和不错的泛化能力，在一定程度上克服了航空发动机故障样本少的不足，为航空发动机整机振动故障诊断提供了一种新方法。然而，由于航空发动机工作环境的复杂性，在其整机振动故障样本中含有较强的干扰信号，如噪声信号、野值等，仅仅依靠支持向量机进行故障诊断不能很好地处理受干扰信号的故障样本，所以迫切需要分析如何对故障样本进行处理、提取出能反映故障特征的信息。第 4 章将详细介绍能反映故障特征的信息熵理论与方法。

3.5　本 章 小 结

　　本章介绍了基于支持向量机的航空发动机整机振动故障诊断技术，主要包括支持向量机简介、支持向量机的理论基础、支持向量机的分类原理，以及基于支持向量机的航空发动机整机振动故障诊断实例分析，验证了支持向量机方法用于航空发动机整机振动故障诊断的有效性和可行性。然而，针对航空发动机故障信号的复杂性，需要结合有效的特征提取方法来实现更精确的故障诊断。第 4 章将介绍航空发动机振动信号特征提取的信息熵方法及其应用。

参 考 文 献

[1] Cristianini N, Shawe-Taylor J. 支持向量机导论[M]. 李国正, 王猛, 曾华军, 译. 北京: 电子工业出版社, 2004.

[2] Ding W D, Yuan J Q. Spike sorting based on multi-class support vector machine with super position resolution[J]. Medical & Biological Engineering & Computing, 2008, 46(5): 139-145.

[3] Li Y, Cai Y Z. Fault diagnosis based on support vector machine ensemble[C]. International Conference on Machine Learning and Cybernetics, Guangzhou, 2005: 3309-3314.

[4] Liu A L, Yuan X Y, Yu J S. Research and application of a hierarchical fault diagnosis system based on support vector machine[C]. Third International Conference on Natural Computation, Haikou, 2007: 59-65.

[5] Xu Q H, Shi J. Fault diagnosis for aero-engine applying a new multi-class support vector algorithm[J]. Chinese Journal of Aeronautics, 2006, 27(3): 175-182.

[6] 白鹏, 张喜斌, 张斌, 等. 支持向量机理论及工程应用实例[M]. 西安: 西安电子科技大学出版社, 2008.

[7] Platt J C. Fast training of support vector machines using sequential minimal optimization[M]// Schölkopf B, Burges C J C, Smola A J. Advances in Kernel Methods: Support Vector Learning. Cambridge: MIT Press, 2001.

[8] Chang C C, Lin C J. LIBSVM: A library for support vector machines[J]. ACM Transactions on Intelligent Systems and Technology, 2011, 2(3): 1-39.

第4章 基于信息熵的航空发动机整机振动
故障融合诊断

近年来，信息熵得到了较为广泛的研究与应用，与其相关的信号分析技术相结合衍生出多种新的信息熵，如过程功率谱熵、小波能谱熵、小波包特征谱熵、小波相关特征尺度熵、模糊熵等。这些熵主要用于提取不同类型信号的特征，或根据信号特征对故障进行识别和判断。本章以基于信息熵的航空发动机整机振动故障融合诊断为工程背景，详细介绍信息熵理论，包括奇异谱熵、功率谱熵、小波能谱熵、小波空间特征谱熵、小波相关特征尺度熵和小波包特征谱熵等，并介绍基于过程功率谱熵的航空发动机整机振动故障定量分析与诊断技术、基于过程功率谱熵的转子振动故障定量诊断技术、基于小波相关特征尺度熵的转子振动故障特征分析与定量诊断技术、基于多种信号多特征熵距的航空发动机滚动轴承故障融合诊断技术等多种信息熵在航空发动机整机/转子/轴承振动故障诊断中的应用技术，用以说明信息熵在航空发动机振动故障诊断中的有效性和可行性。

4.1 信息熵理论

4.1.1 信息熵的基本概念

1948 年，香农(Shannon)提出了"信息熵"(information entropy)的概念，信息熵的基本作用就是消除人们对事物认识的不确定性，一般用符号 H 表示，单位是比特[1,2]。对于任意一个随机变量 X，其熵定义如下：

变量的不确定性越大，熵也就越大，确定该变量所需要的信息量也就越大。因此，信息熵是信息论中用于度量信息量的一个概念。一个系统越是有序，信息熵就越低；反之，信息熵就越高。信息熵也可以说是系统有序化程度的一种度量。

香农理论的重要特征是熵的概念，证明熵与信息内容的不确定程度有等价关系。对于一个不确定系统，若用一个取有限个值的随机变量 X 表示其状态特征，假设这个随机变量 X 含有 L 个值，即

$$X=\left\{x_i\right\}_{i=1, 2, \cdots, L} \tag{4.1}$$

x_i 的概率可表示为

$$\begin{cases} p_i = p\{X = x_i\} \\ \sum_{i=1}^{L} p_i = 1 \end{cases} \tag{4.2}$$

x_i 的信息量可表示为

$$I_i = \ln\left(\frac{1}{p_i}\right) \tag{4.3}$$

则 X 的信息熵，即计算信息熵 H 的著名公式为

$$H = \sum_{i=1}^{L} -p_i \ln(p_i) \tag{4.4}$$

当 p_i=0 时，有

$$p_i \ln(p_i) = 0 \tag{4.5}$$

具有多重前置条件的信息，其信息熵的计算是非常复杂的。在现实世界中，信息的价值大多是不能计算出来的。但由于信息熵与热力学熵的紧密相关性，信息熵是可以在衰减的过程中测定出来的。因此，信息熵可以通过信息的传递体现出来。

根据信号不同的分析域，信息熵可分为时域特征信息熵、频域特征信息熵和时-频域特征信息熵。时域特征信息熵主要有奇异谱熵(singular spectrum entropy, SSE)[3]。频域特征信息熵主要有功率谱熵(power spectrum entropy, PSE)，也称过程功率谱熵(process power spectrum entropy, PPSE)[4,5]。时-频域特征信息熵方法是针对不同信号，以小波(包)分析和转换为基础衍生出来的信号特征信息熵分析技术，主要包括小波能谱熵(wavelet energy spectrum entropy, WESE)、小波空间特征谱熵(wavelet space feature spectrum entropy, WSFSE)、小波相关特征尺度熵(wavelet correlation feature scale entropy, WCFSE)和小波包特征谱熵(wavelet packet feature spectrum entropy, WPFSE)[6-8]。下面详细介绍各种信息熵分析方法。

4.1.2　奇异谱熵方法

奇异谱熵方法是一种时域信号特征信息熵分析方法，是适合于采样点数较少、抗噪声能力强的有效信号处理方法[3]。为了准确描述振动状态，假设不考虑多个振动传感器采样的时间差，以 $X_t = \{x_t^1, x_t^2, \cdots, x_t^L\}$ 表示，则 $\{X_t, t = 1, 2, \cdots, N\}$ 表示一个完整的采样信号序列，其中 N 为采样点数目。

对信号序列 $\{X_t\}$ 进行 M 维相空间重构，必然得到 $L \times M$ 的矩阵 A。根据奇异值分析原理，对矩阵 A 进行奇异值分解，设奇异值为 $\delta_i (1 \le i \le L \times M)$，则 $\{\delta_i\}$ 是多通道振动信号的奇异值谱。如果 k 为非零奇异值的个数，那么 k 值反映了矩阵 A 的各列中包含的不同模式的数量，而奇异值 δ_i 的大小反映了对应的模式在总模

式中所占的比例。因此，可以认为奇异值谱是对振动信号在时域中的一种划分。由此可以定义时域中信号的奇异谱熵(记作 H_{ss})为

$$H_{ss} = \sum_{i=1}^{L \times M} p_i \ln p_i \qquad (4.6)$$

其中

$$p_i = \frac{\delta_i}{\sum_{i=1}^{L \times M} \delta_i} \qquad (4.7)$$

式中，p_i 表示第 i 个奇异值在整个谱中所占的比例，或第 i 个模式在整个模式中所占的比例。

4.1.3　功率谱熵方法

功率谱熵方法也称过程功率谱熵方法，属于频域信号特征信息熵方法。数据信号的内部特征和状态变化一般体现在其频率组成结构和特征的变化，故需要将时域信号变换为频域信号，在频域上进行频谱结构分析，以便了解系统的变化规律和动态特性。功率谱方法是基于信号的自功率谱实现信息熵测度的计算，适合于工程测试中的随机信号处理，下面基于功率谱方法分析信号在频域中的信息熵特征和计算方法。

设一个信号 x_t 的离散傅里叶变换为 $X(\omega)$ ，那么其功率谱为

$$S(\omega) = \frac{1}{2\pi N} |X(\omega)|^2 \qquad (4.8)$$

信号从时域变换到频域的过程中能量是守恒的[4]，即

$$\sum x^2(t) \Delta t = \sum |X(\omega)|^2 \cdot \omega \qquad (4.9)$$

因此，$S = \{S_1, S_2, \cdots, S_N\}$ 也可看作是对原始数据信号的一种划分。因此，根据式(4.6)和式(4.7)可以定义相应的信息熵，即功率谱熵(记作 H_{ps})[5]为

$$H_{ps} = -\sum_{i=1}^{N} p_i \ln p_i \qquad (4.10)$$

式中，p_i 表示第 i 个功率谱在整个谱中所占的比例。

综上所述，基于信号的自功率谱实现信息熵测度计算，显示了单一测点信号的频谱结构复杂性特征。对于多测点测试得到的多通道相关信号，可以通过互功率谱估计得到信号频谱结构之间的相关性，再用上述同样的测度分析方法得到信号的互功率谱熵。根据互功率谱分析的应用和意义，互功率谱熵表示不同信号在频域上的相关程度的不确定性，当然也可以用来描述一个系统输出信号对输入信号的响应情况的不确定性，就是对系统动态过程特性的定量描述。

4.1.4　小波能谱熵方法

小波能谱熵方法是一种信号时-频域特征信息熵分析方法。比较典型的时-频分析方法是 Gabor 展开、短时傅里叶变换和近年来发展起来的小波变换。小波变换由于具有在不同尺度上可变的局部化分析特性，即多分辨率特性，而明显优于前两者，故已经被广泛研究和应用。从信息融合的角度，基于小波变换延伸出了小波能谱熵和小波空间特征谱熵。这两种熵可作为定量评价时-频联合域中信号不确定性的信息熵特征指标[6]。

具有有限能量的函数 $f(t)$ 在小波变换前后能量守恒[7,8]，即

$$\begin{cases} \int_{-\infty}^{+\infty} |f(t)|^2 \, dt = \dfrac{1}{c_\psi} \int_0^\infty a^{-2} E(a) \, da \\[2mm] c_\psi = \int_{-\infty}^{+\infty} \dfrac{|\psi(\omega)|^2}{\omega} \, d\omega \\[2mm] E(a) = \int_{-\infty}^{+\infty} |W_f(a,b)|^2 \, db \end{cases} \tag{4.11}$$

式中，c_ψ 为小波函数的容许条件；$E(a)$ 为函数 $f(t)$ 在尺度为 a 时的小波能谱；W_f 为小波变换幅值；a 表示尺度；b 表示平移量。

由于小波变换的幅值 $E = \{E_1, E_2, \cdots, E_n\}$ 为信号 $f(t)$ 在 n 个尺度上的小波能谱，所以在尺度域上 E 可表示为对信号能量的一种划分，根据式(4.6)和式(4.7)，小波能谱熵(记作 H_{wes})定义为

$$H_{wes} = -\sum_{i=1}^{n} p_i \ln p_i \tag{4.12}$$

式中，p_i 为尺度 E 的能量占整个函数能量的比例。

4.1.5　小波空间特征谱熵方法

小波空间特征谱熵方法也是一种信号时-频域特征信息熵分析方法。由式(4.12)可知，小波变换是将一维信号映射到二维的小波空间上，而 $W = \left[\dfrac{|W_f(a,b)|^2}{c_\psi a^2} \right]$ 就是二维小波空间上的能量分布矩阵。如果对 W 进行奇异值分解，则根据式(4.6)和式(4.7)，小波空间特征谱熵(记作 H_{wsfs})为

$$H_{wsfs} = -\sum_{i=1}^{n} p_i \ln p_i \tag{4.13}$$

4.1.6 小波相关特征尺度熵方法

1. 小波相关特征分析方法

小波相关特征分析方法是直接将信号小波变换值在几个尺度上进行相关运算，以准确地提取信号的重要特征，具有实现容易和抗干扰能力强等特点，可以作为一个信号处理工具应用于微弱信号特征提取[9]。假设离散信号的点数为 N，信号的小波变换用 Y 表示，将尺度 1 熵的点数直接相乘，则信号小波变换值相关运算 $\mathrm{corr}_l(m,n)$ 为

$$\mathrm{corr}_l(m,n) = \prod_{i=1}^{l-1} Y(m+1,n), \quad n=1,2,\cdots,N \tag{4.14}$$

式中，n 表示时间；m 表示尺度。若 M 是总的尺度数，则 $m<M-1$。

经过对信号相邻层小波分解系数进行直接相乘：$\mathrm{corr}_2(1,n)=Y(1,n)\times Y(2,n)$，与 $Y(1,n)$ 中的突跳相比，原始信号中瞬态非平稳信号 $\mathrm{corr}_2(1,n)$ 的表现更为尖锐。小波相关滤波理论就是利用这种相关特征将信号中的重要特征信息与噪声区分开。假设信号滤波后对应的小波值用 Y_f 表示，且该信号在各个尺度上的元素全部初始化为 0，那么当取 $l=2$ 时小波相关滤波方法的计算步骤如下：

(1) 根据式(4.14)求出各尺度与相邻尺度的 $\mathrm{corr}_2(m,n)$，得到增强的信号和变弱的噪声。

(2) 对 $\mathrm{corr}_2(1,n)$ 重新归一化，使其归一化到 $Y(m,n)$ 的能量上，得到新的相关值 corr_2' 为

$$\mathrm{corr}_2'(m,n) = \mathrm{corr}_2(m,n)\sqrt{\frac{\mathrm{PY}(m)}{\mathrm{Pcorr}(m)}} \tag{4.15}$$

式中，$\mathrm{PY}(m)$ 是第 m 层小波系数的能量，即

$$\mathrm{PY}(m) = \sum_{n=1}^{N} Y(m,n)^2 \tag{4.16}$$

$\mathrm{Pcorr}(m)$ 是相关量的能量，即

$$\mathrm{Pcorr}_2(m,n) = \sum_{n=1}^{N} \mathrm{corr}_2(m,n) \tag{4.17}$$

(3) 如果 $|\mathrm{corr}_2'(m,n)| \geq |Y(m,n)|$，则表明第 n 个时间点处小波变换是由信号引发的，将 $Y(m,n)$ 赋予 Y_f 的相应位置，并将 $Y(m,n)$ 置 0；否则，表明是小波变换由噪声引发的，$Y(m,n)$ 保留。

循环上述步骤，直到 $\mathrm{PY}(m)$ 满足一个与噪声能力水平有关的阈值比 $\mathrm{th}(m)$。

在上述特征分析过程中，能量的归一化、数据值的比较和边缘信息的提取是

一个迭代的过程，直到 $Y(m,n)$ 中未抽取点的能量接近一个参考噪声[10,11]。

由上述分析可知，任一时间序列信号 $x(t)$ 经小波相关滤波后得到的各尺度小波系数 $D_1, D_2, \cdots, D_j$ 和尺度系数 $C_1, C_2, \cdots, C_j$ 分别包含信号从高频到低频不同频带的信息，体现了不同尺度下局部能量的大小。若对各个尺度小波系数提取信号特征参数，就可以对信号特征进行量化，有利于机械状态分析和故障诊断。

2. 小波相关特征尺度熵计算

针对机械发生早期故障时故障特征信息微弱和信噪比低的特点，将小波相关滤波法和信息熵诊断方法融合起来，提出了小波相关特征尺度熵方法。假设实测振动信号 $x(t)$ 经过小波相关滤波降噪处理后，得到各个尺度下的高信噪比小波系数和尺度系数分别为 $D_j = \left\{ d_j(k), k=1,2,\cdots,N; \ j=1,2,\cdots,m \right\}$ 和 C_m。为了统一，将 C_m 表示为 D_{m+1}，在此可以把 $D_j(j=1,2,\cdots,m,m+1)$ 看成对信号 $x(t)$ 的一种划分，定义这种划分的测度 p_{jk} 为

$$p_{jk} = \frac{d_{F(j)}(k)}{\sum\limits_{k=1}^{N} d_{F(j)}(k)} \tag{4.18}$$

式中，$d_{F(j)}(k)$ 为 $d_j(k)$ 的傅里叶变换。

于是，信号在 j 尺度上的小波相关特征尺度熵 $H_{\text{wcfs}j}$ 为

$$H_{\text{wcfs}j} = -\sum_{k=1}^{N} p_{jk} \ln p_{jk} \tag{4.19}$$

式中，小波相关特征尺度熵 $H_{\text{wcfs}j}$ 的大小不但体现了尺度 j 上信号能量分布的均匀程度，而且描述了尺度 j 上振动信号的复杂程度，因而可对故障信号特征进行量化。

4.1.7　小波包特征谱熵方法

小波包特征谱熵方法是小波包空间状态特征谱熵方法的简称，它是一种信号时-频域特征信息熵分析方法。振动信号 $u(t)$ 可以利用式(4.20)进行小波包特征分解[12]：

$$\begin{cases} u_{2n}(t) = \sqrt{2} \sum\limits_{k} h(k) u_n(2t-k) \\ u_{2n-1}(t) = \sqrt{2} \sum\limits_{k} g(k) u_n(2t-k) \end{cases} \tag{4.20}$$

式中，$h(k)$ 为高通滤波器组；$g(k)$ 为低通滤波器组。

从多分辨的角度看，小波包分解的实质是让信号 $u(t)$ 通过高低通滤波器组，每次分解总是把源信号分解到高低两个通道内，接着对高低频部分分别进行同样

的分解，直到满足需要为止。

对信号进行 j 层小波包分解后得到小波包分解序列 $S(j,k)$（k 取 $0\sim2^j-1$），在此可以把信号的小波分解看成对信号的一种划分，定义该划分的测度为

$$p_{(j,k)}(i)=\frac{S_{F(j,k)}(i)}{\sum\limits_{i=1}^{N}S_{F(j,k)}(i)} \tag{4.21}$$

式中，$S_{F(j,k)}(i)$ 为 $S(j,k)$ 的傅里叶变换序列的第 i 个值；N 为原始信号长度。

根据信息熵的基本理论，同样可以定义小波包空间上的状态特征谱熵，即小波包特征谱熵(记作 H_{wpfs})为

$$H_{\mathrm{wpfs}}(j,k)=-\sum\limits_{i=1}^{N}p_{(j,k)}(i)\ln p_{(j,k)}(i) \tag{4.22}$$

式中，$H_{\mathrm{wpfs}}(j,k)$ 为信号的第 j 层第 k 个小波包特征谱熵，此时 k 取 $0\sim2^{N-1}$。

4.2　基于过程功率谱熵的机械振动故障定量诊断

航空发动机振动故障诊断方法较多，大多数是定性的诊断方法，缺少定量指标。如前面所述，信息熵能对系统不确定性程度进行描述[7]，因此可以用信息熵对航空发动机状态的变化情况进行度量。作为信息处理的有效方法，信息熵方法最近在国内外得到了长足发展，同时在机械故障诊断应用方面的相关研究也相当活跃。例如，Endo 等将最小熵去卷积技术应用于传动装置特别是齿轮的局部故障诊断[8]；Yang 等采用结构熵检测信号结构中的异常[13]；Li 等研究 Hubert 光谱和信息熵，并对内燃机故障进行诊断[14]；Qu 等用信息熵距来区分机械的潜在故障类别[15]；耿俊豹等提出了基于信息熵贴近度的旋转机械故障诊断方法[16]。

以上方法都是基于状态的故障诊断方法，缺少对振动过程规律的描述，为此陈非等提出了基于过程的定量诊断方法[17,18]，通过多通道多转速下的信息熵矩阵很好地描述了振动过程的变化规律。本节从信息融合思想出发，基于过程功率谱熵，发展出信息熵差矩阵方法，对航空发动机整机振动过程的故障类型及故障严重程度的定量诊断进行介绍，同时基于该方法，针对转子模拟试验实现转子振动故障定量的分析与诊断。

4.2.1　基于过程信息熵的定量诊断方法

假设信息熵矩阵 $A(M\times N)$ 是航空发动机整机振动任意一种典型故障的诊断样本，其中 M 表示升速或降速过程中振动信号采样点的个数，N 表示振动信号的测量点个数。矩阵 A 中的任意一个元素 A_{ij} 就表示在第 i 个采样转速下第 j 个通道的

信息熵值。对于未知故障类型的振动信号(即目标振动信号)进行同样的升速或降速数据采集，就可以得到 $M×N$ 的信息熵矩阵 $\boldsymbol{B}$。为了比较信息熵矩阵 $\boldsymbol{B}$ 和 $\boldsymbol{A}$ 的过程规律，首先将两个矩阵相减，得到信息熵差矩阵 $\boldsymbol{H}$：

$$\boldsymbol{H} = \boldsymbol{B} - \boldsymbol{A} \tag{4.23}$$

然后分别求信息熵差矩阵 $\boldsymbol{H}$ 的均值和方差：

$$E(\boldsymbol{H}) = \frac{1}{M \times N} \sum_{i=1}^{M} \sum_{j=1}^{N} H_{ij} \tag{4.24}$$

$$D(\boldsymbol{H}) = \frac{1}{M \times N} \sum_{i=1}^{M} \sum_{j=1}^{N} \left[H_{ij} - E(\boldsymbol{H}) \right]^2 \tag{4.25}$$

同理，可以求出目标振动信号与航空发动机整机(或转子)典型振动故障之间的信息熵差矩阵的均值和方差。通过求取其中最小的均值绝对值和方差值，就可以进行故障类型判别。信息熵差矩阵的均值绝对值越小，表示目标振动信号的信息熵值分布区间与故障样本振动信号的信息熵值分布区间越接近，即目标振动信号属于这种故障的可能性越大，反之亦然。如果目标振动信号的信息熵值分布区间与各故障样本振动信号的信息熵值分布区间都很接近，那么就要通过信息熵差矩阵的方差值进行比较。信息熵差矩阵的方差反映了两种故障的相似程度，方差越小，表示目标振动信号的信息熵值的过程分布规律与振动故障样本信息熵值的过程分布规律越接近，即目标振动信号属于这种故障的可能性越大，反之亦然。

4.2.2　航空发动机整机振动故障定量诊断实例分析

1. 整机振动故障信息熵矩阵计算

航空发动机整机振动典型故障数据的熵带如表 4.1 所示。通过 MATLAB 软件对采样得到的各种故障模式的振动信号进行计算，得到各种故障模式的信息熵矩阵，如图 4.1～图 4.4 所示。对于任意一种故障，由于其振动信号的采集时刻和测点不同，计算得到的信息熵值会在一定数值范围内波动，所以有一定的分布区间。因此，仅仅依靠信息熵值来进行故障诊断是行不通的。

表 4.1　航空发动机整机振动典型故障数据的熵带

故障模式	信息熵类型			
	奇异谱熵值	功率谱熵值	小波空间特征谱熵值	小波能谱熵值
转子不平衡	44.740～65.411	52.143～82.887	58.270～92.117	19.720～40.702
轴系不对中	38.246～69.182	72.662～88.944	80.362～95.138	30.923～42.911

续表

故障模式	信息熵类型			
	奇异谱熵值	功率谱熵值	小波空间特征谱熵值	小波能谱熵值
支座松动	26.576~71.429	54.536~85.736	59.082~89.261	22.470~43.278
转子碰摩	35.571~68.897	67.070~89.816	81.492~94.624	34.609~43.338

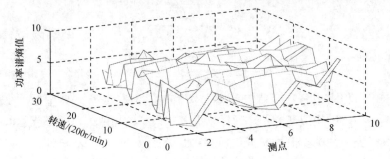

图 4.1　轴系不对中故障的信息熵矩阵三维图

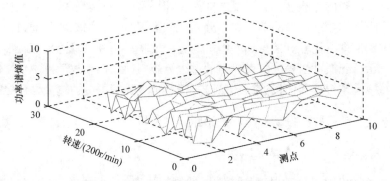

图 4.2　转子不平衡故障的信息熵矩阵三维图

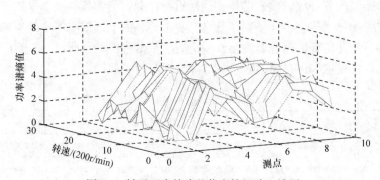

图 4.3　转子碰摩故障的信息熵矩阵三维图

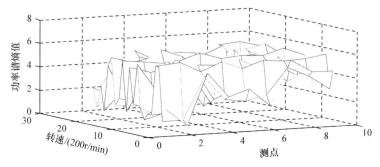

图 4.4　支座松动故障的信息熵矩阵三维图

2. 目标信号选取和故障信息熵差矩阵计算

图 4.5 是另外一次支座松动故障的三维图，作为目标振动信号。首先把目标振动信号的信息熵矩阵分别与每种故障样本的信息熵矩阵相减，就得到四个信息熵差矩阵，如图 4.6～图 4.9 所示。

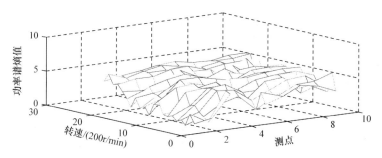

图 4.5　目标振动信号的信息熵矩阵三维图

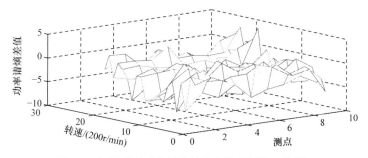

图 4.6　与轴系不对中故障的信息熵差矩阵三维图 1

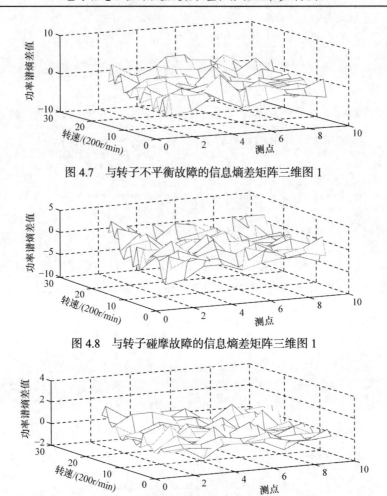

图 4.7 与转子不平衡故障的信息熵差矩阵三维图 1

图 4.8 与转子碰摩故障的信息熵差矩阵三维图 1

图 4.9 与支座松动故障的信息熵差矩阵三维图 1

然后分别求得 4 个信息熵差矩阵的均值绝对值和方差，其结果如表 4.2 所示。由表 4.2 可以得出，从相对应的 4 种故障信息熵差矩阵的均值绝对值来看，虽然可以诊断出目标信号的故障模式为支座松动，但由于均值绝对值的区别不太明显，诊断结果不太准确。从它们的方差来看，目标故障振动信号与支座松动故障信息熵差矩阵的方差值最小，与其他类型故障的信息熵差矩阵方差相比，不到它们最小值的 1/10，即目标故障振动信号的信息熵值过程分布规律与支座松动故障的信息熵值过程分布规律吻合度较高，故可以诊断为支座松动故障，与事实相符。

表 4.2　整机振动故障信息熵差矩阵的均值绝对值和方差

故障模式	均值绝对值	方差
轴系不对中	1.0412	0.8259
转子不平衡	0.8562	0.5585
转子碰摩	0.6911	0.3639
支座松动	0.1882	0.0270

3. 故障严重程度的诊断

为了利用信息熵矩阵来诊断某种故障的严重程度，选取支座松动故障进行诊断，以航空发动机整机振动无故障工作状态的振动信号为基准振动信号，信息熵矩阵用 A 表示。分别以一个支座松动和两个支座松动来模拟两种支座松动故障模式，用它们的振动信号信息熵矩阵作为目标信息熵矩阵，用 B_1 和 B_2 表示两种故障矩阵。求 $H_1=B_1-A$ 和 $H_2=B_2-A$，以及它们的均值绝对值和方差。均值绝对值和方差的大小决定了故障的严重程度，均值绝对值和方差越大，故障越严重，反之亦然。支座松动故障严重程度诊断结果如表 4.3 所示。

表 4.3　支座松动故障严重程度诊断结果

支座松动故障	均值绝对值	方差
一个支座松动	0.1187	0.0652
两个支座松动	0.2356	0.3261

从表 4.3 可以看出，一个支座松动故障模式的信息熵差矩阵的均值绝对值和方差明显比两个支座松动故障模式的信息熵差矩阵的均值绝对值和方差小，说明一个支座松动故障模式的故障严重程度较小，待诊断故障严重程度被诊断是一个支座松动模式，与假设相符。因此，利用信息熵差矩阵能对故障严重程度给予有效的判别。

4.2.3　转子振动故障定量诊断实例分析

单个通道振动信号的功率谱熵表征了单个通道振动信号的谱型结构情况。振动能量在整个频率成分上分布越均匀，则信号越复杂，不确定性程度也就越大。

由于缺少定量的指标，仅仅利用信息熵来对转子故障进行诊断，效果不太理想。以过程信息熵诊断方法为例，在转子振动典型故障状态下，针对特定测点在某瞬间采集的一段波形都可以计算得到一个功率谱熵值，通过这个熵值的不同来区分故障类别。然而，对于任意一种故障，由于采集振动波形的时刻和测点不同，计算得到的信息熵值有一定的分布区间。表4.4列举了4种典型故障的功率谱熵，其分布区间有很大的重叠区域。如果一个未知故障类型的功率谱熵值为1.0，就很难判断此类故障属于这4种故障中的哪一种。

表 4.4　转子振动典型故障的功率谱熵分布区间

故障模式	功率谱熵的分布区域
转子不平衡	0.96～2.75
轴系不对中	0.895～1.6778
支座松动	1.16～2.6406
转子碰摩	0.86～1.7236

在表 4.4 中，转子不平衡主要是由不合理的设计、制造和装配以及工作过程中的磨损引起的。转子不平衡主要包括转子质量不平衡、转子初始弯曲和不平衡耦合。轴系不对中有耦合不对中和轴不对中。转子碰摩经常是由动静装配间隙减小、未对准和热弯曲引起的。支座松动是由不合理固定和长期振动造成的。

下面在转子振动故障模拟试验的基础上，基于过程功率谱熵进行转子振动故障的定量分析与诊断。

1. 转子振动故障模拟试验

转子升速过程包含大量的有关转子振动状态的信息，在不同的转速下，振动形态不同。按照转速间隔或时间间隔采集的振动波形记录了丰富的信息。一种故障在某一时刻或某一状态下引起的振动表现具有一定的分散性和随机性，但在一个过程中却有其规律性。多测点多转速下的信息熵值组成的信息熵矩阵是多种状态的综合，这个信息熵矩阵反映了振动信号的过程规律。因此，可以通过信息熵矩阵来描述转子振动信号的过程规律。

转子振动故障模拟试验台和试验测量系统如图4.10所示。试验台采用双轴转子系统，用柔性耦合器连接。每一个轴上有一个带有均匀分布孔的盘。4 个加速度传感器安装在试验台上的 A、B、C、D 位置上，一个加速度传感器用于测转速。转子由电机驱动，在 D 点处用一个特制螺栓来模拟转子碰摩故障。测量系统由信号采集系统、信号放大器、速度控制器、速度指示仪和计算机组成。其中，信号采集系统用来采集振动加速度信号和速度信号。

为了研究转子振动故障的过程特征，在转子振动故障模拟试验台上进行了 4种典型故障(转子不平衡、轴系不对中、支座松动和转子碰摩)的模拟试验。每种故障都设计在 1000~3000r/min 转速范围工作，每种故障模拟都分别进行多次升降速试验，振动信号采样的转速间隔设为 100r/min。试验系统布置了 4 个振动测点(测加速度)，即 4 个测点的振动信号。因此，每次升速或降速试验能采集到每种故障模式的 84 组振动信号(一组振动信号对应某一振动测点的一个采样转速下的振动波形)来反映升速或降速的过程特征，进而对每种故障都可得到多个能够反映其过程特征的原始数据集合。每组振动波形信号都可以求出其功率谱熵值，对任意一种故障，将最能反映其过程特征的那次试验的多测点多转速下的信息熵值都计算出来，就得到一个信息熵矩阵作为该种故障的故障诊断样本。

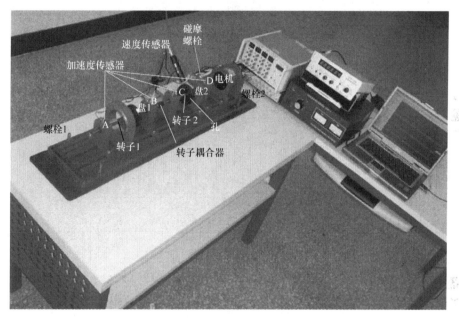

图 4.10　转子振动故障模拟试验台和试验测量系统

2. 转子振动故障信息熵矩阵计算

通过 MATLAB 软件对采样得到的各种故障模式的振动信号进行计算，得到各种故障类型的信息熵矩阵。各种故障的功率谱熵值的分布区间如表 4.4 所示。对于任意一种故障，由于采集振动波形信号的时刻和测点不同，计算得到的信息熵值会在一定的数值范围内波动，所以有一定的分布区间。因此，仅仅依靠信息熵值来进行故障诊断是行不通的。

3. 目标信号选取和故障信息熵差矩阵计算

图 4.11 是在相同试验条件下模拟得到的另外一次支座松动故障的三维图，作

为信息熵差矩阵计算的目标振动信号。

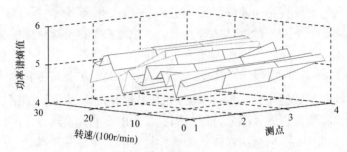

图 4.11   转子待诊断振动信号的信息熵矩阵三维图

首先,把目标振动信号的信息熵矩阵分别与每种故障的信息熵矩阵样本相减,得到 4 个信息熵差矩阵, 如图 4.12~图 4.15 所示。

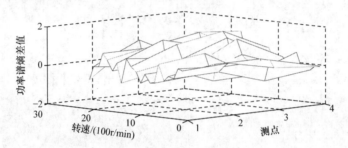

图 4.12   与轴系不对中故障的信息熵差矩阵三维图 2

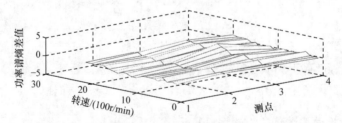

图 4.13   与转子不平衡故障的信息熵差矩阵三维图 2

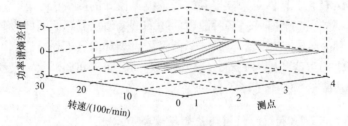

图 4.14   与转子碰摩故障的信息熵差矩阵三维图 2

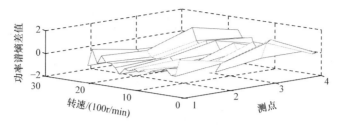

图 4.15　与支座松动故障的信息熵差矩阵三维图 2

然后,分别求得 4 个信息熵差矩阵的均值绝对值和方差,结果如表 4.5 所示。

表 4.5　转子振动故障信息熵差矩阵的均值绝对值和方差

故障模式	均值绝对值	方差
轴系不对中	0.0289	0.0029
转子不平衡	0.1226	0.0518
转子碰摩	0.1034	0.0795
支座松动	0.0070	0.0002

由表 4.5 可以得出,从相对应的 4 种故障信息熵差矩阵的均值绝对值来看,虽然可以诊断出目标信号的故障模式为支座松动,但由于其均值绝对值的区别不太明显,很难看出明确的诊断结论。从它们的方差来看,目标故障振动信号与支座松动故障信息熵差矩阵的方差值最小,即目标故障振动信号的信息熵值过程分布规律与支座松动故障的信息熵值的过程分布规律有比较好的吻合,故可以诊断为支座松动故障,这与事实完全相符。

4. 故障严重程度的诊断

为了采用信息熵矩阵来诊断转子振动故障的严重程度,这里选取支座松动故障作为研究对象。以转子的正常工作状态(无故障模式)的振动信号为基准振动信号,用 A 表示信息熵矩阵。分别用一个支座松动和两个支座松动来模拟转子支座松动故障的两种故障严重程度模式,并考虑其振动信号信息熵矩阵为目标信息熵矩阵,用 B_1 和 B_2 表示这两种相应故障矩阵。根据公式 $H_1=B_1-A$ 和 $H_2=B_2-A$,计算出它们相应的信息熵差矩阵以及均值绝对值和方差。根据基于信息熵矩阵的故障诊断方法,均值绝对值和方差的大小决定了故障的严重程度,均值绝对值和方差越大,故障越严重;均值绝对值和方差越小,故障程度越轻。基于信息熵矩阵的转子振动支座松动故障诊断结果如表 4.6 所示。

表 4.6　转子振动支座松动故障严重程度诊断结果

支座松动故障	均值绝对值	方差
一个支座松动	0.09267	0.0394
两个支座松动	0.18162	0.0837

从表 4.6 可以看出，一个支座松动故障模式的信息熵差矩阵的均值绝对值和方差明显比两个支座松动故障模式的信息熵差矩阵的均值绝对值和方差小，说明一个支座松动故障模式的故障严重程度较小，与假设相符。

通过计算信息熵差矩阵的均值绝对值和方差，能够定量地比较两次振动过程变化的吻合程度，得到比较准确的基于过程规律的判别结果。通过对振动信号的实例分析可以看出，基于过程融合信息熵的转子振动故障诊断方法能够很好地区分故障类别和判断故障的严重程度。然而，由于大型复杂旋转机械振动故障本身的复杂性，该方法能否有效地区分故障发生部位，需进一步研究。另外，如何进行过程功率谱熵特征的有效识别和判断，还要进一步深入研究。

4.3　基于小波相关特征尺度熵的转子振动故障特征分析与定量诊断

在大型旋转机械(如航空发动机、涡轮机等)的运转和使用过程中，转子振动故障是一类对机械设备影响较大的故障。转子振动过大不仅引起机器动静碰摩，加速零部件磨损和疲劳损伤等，严重时还会造成系统毁坏的特大事故[19]。因此，转子振动故障及其诊断问题也是学术界和工程技术领域研究的热点问题之一。经验表明，小波分析技术在处理振动信号时效果很好[20-22]，其基本思想是先对测得的振动信号进行小波(或小波包)分解，再提取故障特征进行诊断。在故障发生的早期阶段，由于故障特征信息非常微弱、信噪比低，诊断结果并不理想。这是因为故障信号几乎在每个频段都被噪声干扰，直接进行小波分析无法提取故障特征信息。小波变换相关滤波(wavelet transform correlation filter, WTCF)法是利用相邻层的小波分解系数相关性，将信号在相邻尺度上的小波系数直接相乘，增强突变信号的小波分解系数；而随机噪声信号分量的小波分解系数变得更加微弱，利用阈值检验从噪声中提取重要信息、移除噪声，使得到的小波系数的信噪比相比于直接小波分解得到的小波系数的信噪比大大提高[9]。通过小波变换相关滤波降噪处理后的尺度域小波系数，不仅包含系统模型的复杂性和不确定性，也蕴涵了故障的特征信息，利用信息熵对这些信息进行数据挖掘，可为信号的特征提取提供一种新的途径[23]。将小波分析理论与信息熵理论相结合以充分利用各自的优点，已经在很多领域的应用研究中取得一系列成果[9,23-25]。

本节融合小波变换相关滤波方法和信息熵理论的优点，提出转子振动故障分析与诊断的小波相关特征尺度熵(WCFSE)法(详见 4.1.6 节)。首先，利用小波变换相关滤波方法提取转子振动微弱故障信息特征，得到信噪比较高的尺度域小波系数；然后，结合信息熵理论，计算出各个尺度的小波相关特征尺度熵，选取最能反映振动特征的小波相关特征尺度熵作为特征参数；最后，根据其熵值大小定量判断转子的工作状态及故障类型，并通过实例计算与分析验证该方法在转子振动故障诊断中的有效性。

4.3.1　小波相关特征尺度熵故障诊断方法

由式(4.19)所定义的小波相关特征尺度熵 H_{wcfsj}，其大小不但体现了尺度 j 上信号能量分布的均匀程度，而且描述了尺度 j 上振动信号的复杂程度。因此，小波相关特征尺度熵可以用来对故障特征进行量化。当转子存在故障时，转子在运转过程中会产生高频振动，破坏振动信号分布原有的均匀性，小波相关特征尺度熵随之变化。可按此方法对各个尺度相关滤波小波系数求出其小波相关特征尺度熵，得到沿尺度分布的小波相关特征尺度熵，再通过各尺度上的信息熵值的变化情况来实现转子振动状态的监测和诊断。由于转子振动信号的主要信息在高频段，这里选取最能反映故障特征的高频段尺度 1 的小波相关特征尺度熵值 H_{wcfs1} 作为特征参数，根据 H_{wcfs1} 的大小来判断转子振动状态及其故障类别。

4.3.2　转子振动故障模拟试验

为验证小波相关特征尺度熵在转子振动故障诊断中的可行性和有效性，选择转子不平衡程度为研究对象。为了便于比较，在转子振动故障模拟试验台转盘的一侧分别加不同的质量块，模拟转子无故障、轻度不平衡 Ⅰ、中度不平衡 Ⅱ 和严重不平衡 Ⅲ 共 4 种振动状态，如表 4.7 所示。转子转速为 3000r/min 时，采集足够多的振动数据作为故障样本，采样频率为 2kHz，每个数据样本长度为 512 个点。采用的转子振动故障模拟试验台和试验测量系统如图 4.10 所示。

表 4.7　模拟试验时的转盘情况

振动状态	无故障	轻度不平衡 Ⅰ	中度不平衡 Ⅱ	严重不平衡 Ⅲ
质量块数/个	0	1	2	3

4.3.3 实例分析

根据小波相关特征尺度熵计算方法，对四种转子振动信号进行分析和特征提取。首先，将信号进行离散小波变换，得到各个尺度的小波系数；然后，对得到的小波系数进行小波变换相关滤波处理，进行三层的小波分解，并求得信噪比较高的尺度域小波系数；最后，由式(4.17)和式(4.18)分别求得各个尺度的小波相关特征尺度熵值 H_{wcfs1}、H_{wcfs2}、H_{wcfs3}。由于转子振动故障信号的主要信息在高频段，所以选取最能反映故障特征的高频段尺度 1 的小波相关特征尺度熵值 H_{wcfs1}，作为特征参数来评价转子振动的不平衡程度。根据信息熵理论，求得不同振动状态下转子不平衡振动信号高频段尺度 1 的小波相关特征尺度熵值 H_{wcfs1}，如表 4.8 所示。通过对比小波相关特征尺度熵值 H_{wcfs1} 的大小，可以定量判断转子振动的不平衡程度。

表 4.8　转子无故障与不同严重程度转子振动信号的 H_{wcfs1}

振动状态	无故障	轻度不平衡Ⅰ	中度不平衡Ⅱ	严重不平衡Ⅲ
H_{wcfs1}	0.3578	0.4269	0.4681	0.5018

由表 4.8 可以看出，当转子工作无故障时，转子振动信号的小波相关特征尺度熵值 H_{wcfs1} 是比较小的；转子不平衡程度越高，小波相关特征尺度熵值 H_{wcfs1} 越大，这是因为转子在运转过程中，产生的高频振动破坏了振动信号分布原有的均匀性，小波相关特征尺度熵值 H_{wcfs1} 随之发生相应的改变，这与理论分析相符。由此可知，H_{wcfs1} 在转子故障退化过程中能很好地表征转子故障的严重程度，进而综合反映转子的运行状态。

然而，在实际故障诊断中，单单利用一个小波相关特征尺度熵值 H_{wcfs1} 不能有效地对转子不平衡程度进行判断。可以用待诊断故障的小波相关特征尺度熵值 H_{wcfs1} 与表 4.8 中不同严重程度的小波相关特征尺度熵值 H_{wcfs} 分别相减，再取绝对值，利用这个差的绝对值判定待诊断状态属于哪种不平衡程度，即与哪个差值最小就属于相应的那个故障程度。设 D_j 表示与不平衡程度 j 的熵差值，H_{wcfsx} 表示待诊断故障的熵值，H_{wcfsj} 表示不平衡程度 j 的熵值，则 D_j 的计算公式为

$$D_j = \left| H_{wcfsx} - H_{wcfsj} \right| \tag{4.26}$$

式中，j 取 1、2、3 和 4，分别表示无故障、轻度不平衡Ⅰ、中度不平衡Ⅱ和严重不平衡Ⅲ振动状态。

为了验证该方法的可行性和有效性，现在取轻度不平衡Ⅰ为待诊断振动状态，并在转子振动故障模拟试验台上获取其另一组待诊断数据，利用同样的方法计算

出 H_{wcfs1} 值。经分析和计算，待诊断轻度不平衡Ⅰ状态的小波相关特征尺度熵值为 0.4181，分别与表 4.8 的 4 个熵值相减可得到结果，如表 4.9 所示。

表 4.9　不平衡Ⅰ与不同严重程度振动信号的 H_{wcfs1} 差值

振动状态	无故障	轻度不平衡Ⅰ	中度不平衡Ⅱ	严重不平衡Ⅲ
H_{wcfs1} 差值	0.0603	0.0088	0.0500	0.0827

由表 4.9 可以看出，待诊断故障与轻度不平衡Ⅰ的 H_{wcfs1} 差值最小，可以判定待诊断故障为轻度不平衡Ⅰ，与假设相符。由此可见，可以根据 H_{wcfs} 的差值来判断转子振动的严重程度，进一步证明了该方法的有效性。

转子振动故障模拟试验和实例计算与分析表明，小波相关特征尺寸熵在转子故障退化过程中能很好地表征转子故障的严重程度和综合反映转子的运行状态。

4.4　基于多种信号和多特征熵距的滚动轴承故障融合诊断

滚动轴承作为常用的机械单元，在旋转机械中扮演着重要的角色，它的性能直接影响着整个机械系统的可靠性、安全性和工作稳定性。因此，保持滚动轴承处于良好状态极其重要。为了实时、精确地掌握滚动轴承的工作状态，本节融合振动与声发射 2 种信号和 4 种信息熵(时域奇异谱熵、频域功率谱熵、时-频域的小波空间特征谱熵和小波能谱熵)，提出滚动轴承故障诊断的多特征熵距(multi-feature entropy distance, MFED)方法。首先，给出基于多特征熵距的滚动轴承故障诊断的基本思想。然后，利用转子振动故障模拟试验台，在选定转速为 800～2000r/min 的不同情况下，模拟 6 种状态(滚动体故障、内圈故障、外圈故障、内圈-滚动体耦合故障、内圈-外圈耦合故障和无故障)的振动信号和声发射信号，并加以提取，作为滚动轴承故障诊断的样本。基于多特征熵距方法实现滚动轴承的故障诊断并加以验证，为滚动轴承和其他旋转机械的故障诊断提供一种有效的信息融合诊断技术。

4.4.1　多特征熵距的基本理论与方法

为了实现滚动轴承的故障诊断，本节以时域奇异谱熵、频域功率谱熵、时-频域的小波空间特征谱熵和小波能谱熵为基础提出多特征熵距方法，建立其数学模型，并给出滚动轴承故障诊断的基本思想。

1. 基于振动和声发射的多特征熵距

在这 4 种信息熵中，每一种信息熵都可以看作信号的一个特征。由 4 种信息熵组成的空间是一个四维空间。因此，一个故障点 μ 在四维空间里由 4 种信息熵（H_{ss}、H_{ps}、H_{wsfs} 和 H_{wes}）组成，这些信息熵值在一定小范围内变化[15,26]。基于一种信息熵方法计算这种故障的信息熵值，并求出其均值作为该故障的这种信息熵的中心，即信息熵点。假设对于第 i 种故障类型，第 j 种信息熵 H_{ij} 有 n 个值，则第 i 种故障的第 j 种信息熵 H_{ij} 的信息熵点 $\bar{H}_{ij}$ 为

$$\bar{H}_{ij} = \frac{1}{n}\sum_{p=1}^{n} H_{ij}^{p} \tag{4.27}$$

式中，$p(p=1, 2,\cdots, n)$ 是第 i 种故障的第 j 种信息熵的第 p 个值；n 是第 i 种故障的第 j 种信息熵值的总数。

因此，对于第 i 种故障的第 j 种信息熵，一种未知故障的信息熵距 d_i 是指这种故障的第 j 种信息熵值 H_{uj} 与四维空间中第 i 种故障的第 j 种信息熵的信息熵点 $\bar{H}_{ij}$ 之间的距离，即

$$d_i = \sqrt{\sum_{j=1}^{4}(H_{uj} - \bar{H}_{ij})^2} \tag{4.28}$$

式中，$i=1, 2,\cdots, 6$ 表示故障的类型，分别指滚动体故障、内圈故障、外圈故障、内圈-滚动体耦合故障、内圈-外圈耦合故障和无故障；$j=1, 2, 3, 4$ 表示信息熵的种类，分别指奇异谱熵(SSE)、功率谱熵(PSE)、小波空间特征谱熵(WSFSE)和小波能谱熵(WESE)。

如果基于信息熵距，用多种信息熵来反映信号特征，那么称这种方法为多特征熵距方法。多特征熵距的大小反映了未知故障接近于第 i 种故障的程度，多特征熵距 d_i 越小表明未知故障属于第 i 种故障的概率就越大，反之亦然。因此，可以借助未知故障与相应故障之间的熵差的最小值来判定这个未知故障属于哪种故障。多特征熵距方法已经被证明对于一种信号(如振动信号或声发射信号)的故障诊断是有效的[27-32]。然而，为了更精确地描述故障特征，故障的多种信号需要同时使用。在这种情况下，基于多特征熵距方法的基本思想，对于一种信号，将每种故障的 4 个多特征熵距值看作故障信号的特征指标，对于多种信号，计算出每种故障的所有 4 种多特征熵距作为这个故障的特征指标，就可以得到这种故障的多特征熵距。用 H_{ij} 表示第 i 种故障的第 j 种信息熵，未知故障点的第 j 种信息熵 H_{aj} 与第 i 种故障的信息熵点的第 j 种信息熵值 $\bar{H}_{ij}$ 之间的多特征熵距 d_i 为

$$d_i = \sqrt{\sum_{j=1}^{n}(H_{aj} - \bar{H}_{ij})^2} \qquad (4.29)$$

根据以上分析，当同时考虑振动和声发射信号时，有 8 个特征指标反映这个故障。在本书中，称这种方法为基于振动信号和声发射信号的多特征熵距方法，基于该方法的故障诊断基本思想如图 4.16 所示。

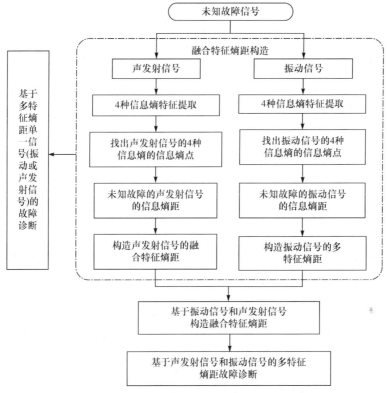

图 4.16　基于振动信号和声发射信号的多特征熵距故障诊断的基本思想

2. 基于多特征熵距方法的滚动轴承故障诊断思想

根据以上分析，基于多特征熵距方法的滚动轴承未知故障诊断流程如图 4.17 所示，包括转子模拟试验、信号采集、信号特征提取和特征识别。其中，故障信号为来自转子振动故障模拟试验台多通道多转速下采样的 6 种滚动轴承故障模式(即滚动体故障、内圈故障、外圈故障、内圈-滚动体耦合故障、内圈-外圈耦合故障和无故障)的振动信号和声发射信号。信号特征是指未知故障的振动和声发射信号的多特征熵距。

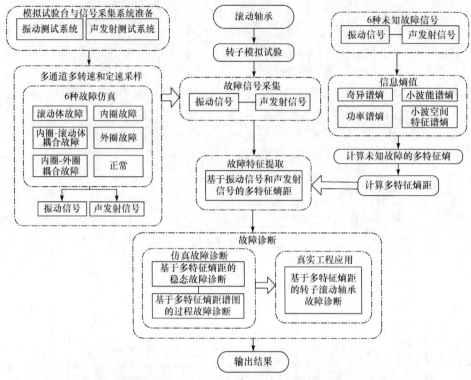

图 4.17　基于振动信号和声发射信号的多特征熵距滚动轴承故障诊断流程图

4.4.2　滚动轴承故障模拟试验

滚动轴承故障模拟试验采用双转子振动故障模拟试验台(图 4.18(a))，模拟正反转速试验，双转子由中介轴承连接。滚动轴承故障模拟试验系统中的测试系统包含振动信号测试系统和声发射信号测试系统。振动信号测试系统采用 LMS Test Lab 测试分析软件，如图 4.18(b)所示，包括信号采集和信号处理单元。声发射信号测试系统采用 SAEU2S 系统，如图 4.18(c)所示，包括硬件设备、分析单元和采样控制单元。声发射信号采集系统的相关参数如表 4.10 所示。

(a) 双转子振动故障模拟试验台

(b) 振动信号测试系统

(c) 声发射信号测试系统

图 4.18　滚动轴承故障模拟试验系统

表 4.10　声发射数据采集系统的相关参数

采样频率/kHz	采样间隔/μs	间隔时间/μs	滤波器带宽/kHz	波形阈值/dB	参数阈值/dB	放大器增益/dB
1000	20	50	20~400	40	40	40

在振动信号测试中，采用的传感器是 PCB 加速度传感器，型号为 333H30，用于测量滚动轴承振动的加速度信号，测量范围为 0~3000Hz；在声发射测试系统中，采用的传感器为压电传感器，型号为 SR150M，它的测量频率范围是 0~500kHz，用于测量滚动轴承的声发射信号。

为了获得故障数据，采用转子振动故障模拟试验台模拟多转速多测点下的 6 种故障模式，即滚动体故障、内圈故障、外圈故障、内圈-滚动体耦合故障、内圈-外圈耦合故障和无故障，试验用滚动轴承的型号为 NU202。10 个传感器安装在机匣和轴承座上，如图 4.19 所示。

(a) 振动传感器的分布

(b) 声发射传感器的分布

图 4.19　传感器分布示意图

在图 4.19 中，6 个加速度传感器测量机匣和支架的 X、Y、Z 方向的振动加速度信号，4 个声发射传感器测量机匣和支架 X、Y 方向的声发射信号。数据采集的转速范围为 800～2000r/min，采集间隔为 100r/min。在升速或降速过程中，得到78 组振动信号和 52 组声发射信号。根据 4 种信息熵的计算方法，可得到振动信号和声发射信号的 4 种信息熵值。将这些信息熵值作为故障诊断样本，再基于多特征熵距方法完成滚动轴承的故障诊断。

4.4.3　实例分析

1. 基于多特征熵距方法和单一信号的滚动轴承故障诊断

基于 4 种信息熵方法(奇异谱熵、功率谱熵、小波空间特征谱熵和小波能谱熵)，6 种滚动轴承故障模式的振动信号和声发射信号的信息熵值如表 4.11 所示。基于滚动轴承故障模拟试验和多特征熵距方法得到的 6 种状态测试数据，对应 6 种状态信号的多特征熵距分别如图 4.20～图 4.25 所示。

表 4.11　滚动轴承故障振动信号和声发射信号的 4 种信息熵值

故障模式	奇异谱熵		功率谱熵		小波空间特征谱熵		小波能谱熵	
	振动	声发射	振动	声发射	振动	声发射	振动	声发射
滚动体故障	92.86	85.19	48.88	60.05	5.71	5.69	18.13	13.97
内圈故障	92.66	84.02	49.13	58.58	5.72	5.68	18.19	15.21
外圈故障	93.08	84.57	48.71	60.02	5.70	5.69	17.84	14.05
内圈-滚动体耦合故障	93.19	82.97	52.64	57.53	5.70	5.68	18.82	14.28

续表

故障模式	奇异谱熵		功率谱熵		小波空间特征谱熵		小波能谱熵	
	振动	声发射	振动	声发射	振动	声发射	振动	声发射
内圈-外圈耦合故障	92.54	84.35	49.65	58.85	5.71	5.71	18.06	14.74
无故障	93.18	85.72	51.85	60.97	5.71	5.68	18.90	14.90

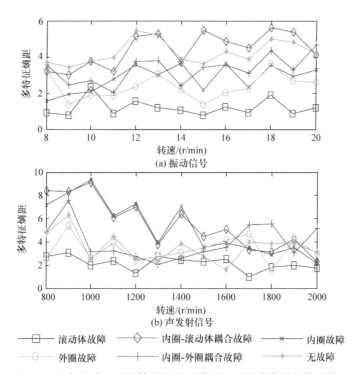

图 4.20　未知故障 1(滚动体故障)振动信号和声发射信号的信息熵距

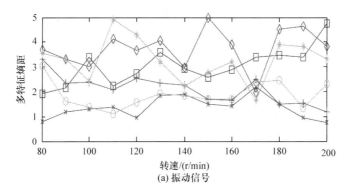

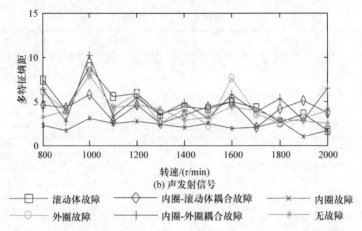

(b) 声发射信号

图 4.21　未知故障 2(内圈故障)振动信号和声发射信号的信息熵距

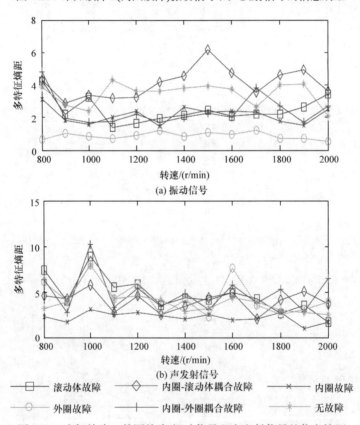

图 4.22　未知故障 3(外圈故障)振动信号和声发射信号的信息熵距

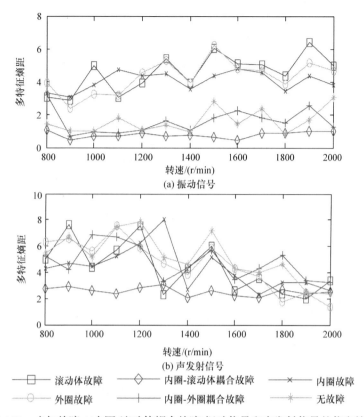

图 4.23　未知故障 4(内圈-滚动体耦合故障)振动信号和声发射信号的信息熵距

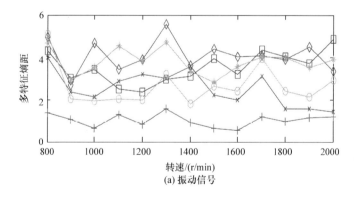

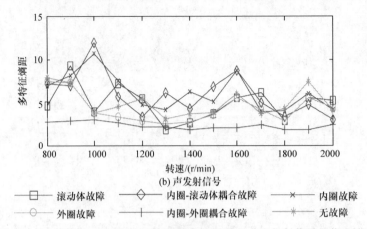

(b) 声发射信号

□ 滚动体故障　　◇ 内圈-滚动体耦合故障　　✕ 内圈故障
○ 外圈故障　　+ 内圈-外圈耦合故障　　＊ 无故障

图 4.24　未知故障 5(内圈-外圈耦合故障)振动信号和声发射信号的信息熵距

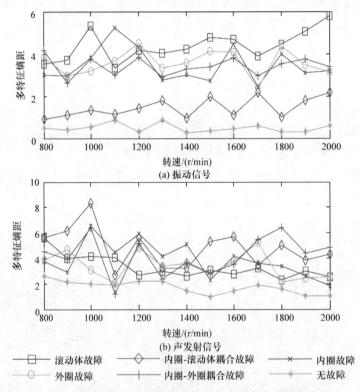

(a) 振动信号

(b) 声发射信号

□ 滚动体故障　　◇ 内圈-滚动体耦合故障　　✕ 内圈故障
○ 外圈故障　　+ 内圈-外圈耦合故障　　＊ 无故障

图 4.25　未知故障 6(无故障)振动信号和声发射信号的信息熵距

2. 基于振动信号和声发射信号的多特征熵距滚动轴承故障诊断

由 4.4.1 节可看出，基于一种信号的多特征熵距方法在故障类型诊断中得到的结果是不准确的。为了克服该难题，将振动信号和声发射信号进行融合，以改善现有多特征熵距方法的准确性和敏感性。

1) 基于振动信号和声发射信号的滚动轴承故障类型诊断

由信息熵分析可知，每个振动信号或声发射信号分别含有 4 种信息熵值。对于每一种故障，滚动轴承振动信号和声发射信号的 8 种信息熵可看作该故障的特征参数。基于振动信号和声发射信号的多特征熵距图如图 4.26～图 4.31 所示。

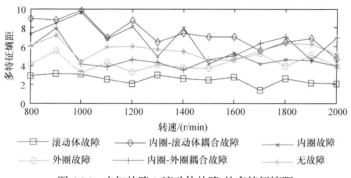

图 4.26　未知故障 1(滚动体故障)的多特征熵距

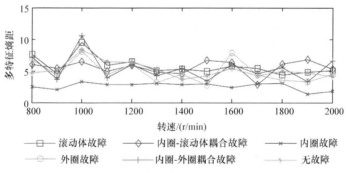

图 4.27　未知故障 2(内圈故障)的多特征熵距

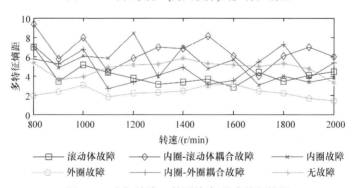

图 4.28　未知故障 3(外圈故障)的多特征熵距

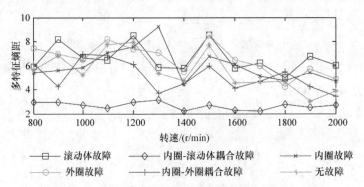

图 4.29　未知故障 4(内圈-滚动体耦合故障)的多特征熵距

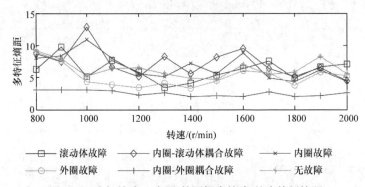

图 4.30　未知故障 5(内圈-外圈耦合故障)的多特征熵距

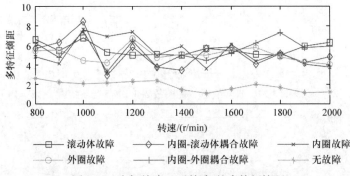

图 4.31　未知故障 6(无故障)的多特征熵距

　　为了更直观地判断出未知故障的类别，通过叠加不同未知故障在所有转速下的数据，上述多特征熵距图可转换为多特征熵距的数据来判断滚动轴承的故障类别及程度，如表 4.12 所示。根据多特征熵距方法，未知故障属于表 4.12 中每列最小值所对应的故障(其中加黑数据是每列的最小数据，表明未知故障属于其所对应的故障)。因此，多特征熵距方法可直观、简单、有效地识别出未知故障的类别。

表 4.12　基于多特征熵距方法的未知故障诊断结果

故障模式	未知 1	未知 2	未知 3	未知 4	未知 5	未知 6
滚动体故障	**32.6802**	74.7557	52.6739	85.6265	80.2284	72.2559
内圈故障	79.8259	**34.1480**	67.6443	77.8253	87.4600	68.4182
外圈故障	54.7904	63.5226	**29.9697**	84.9462	66.5680	65.2790
内圈-滚动体耦合故障	94.6629	72.0821	84.1343	**34.6473**	94.5106	65.7117
内圈-外圈耦合故障	68.7828	70.1099	61.1616	66.4366	**32.5443**	71.3468
无故障	73.1051	67.5002	62.4461	71.9638	82.5405	**23.4265**

2) 多特征熵距方法的诊断精度验证

为了进一步验证多特征熵距方法在轴承故障诊断方面的精度，在同样的模拟条件下，得到滚动轴承 6 种状态的 4 组数据。基于多特征熵距方法，处理每组振动和声发射数据得到相应的多特征熵距，如表 4.13～表 4.16 所示。表中加粗数据是每列的最小数据，表明未知故障属于其所对应的故障。

表 4.13　基于多特征熵距方法的第一组故障的诊断结果

故障模式	未知 1	未知 2	未知 3	未知 4	未知 5	未知 6
滚动体故障	**35.4488**	71.0271	54.7027	94.9754	75.7248	74.4913
内圈故障	75.8929	**54.5593**	67.8554	88.6429	84.8238	72.6571
外圈故障	48.5085	61.2083	**33.733**	91.0202	59.6714	71.874
内圈-滚动体耦合故障	90.2895	79.1016	81.777	**54.1701**	84.2885	69.1169
内圈-外圈耦合故障	63.6024	68.8784	59.725	86.5743	**45.7633**	68.6167
无故障	71.4439	71.1096	64.9121	81.7979	72.3765	**34.9851**

表 4.14　基于多特征熵距方法的第二组故障的诊断结果

故障模式	未知 1	未知 2	未知 3	未知 4	未知 5	未知 6
滚动体故障	**36.0336**	70.7912	53.1362	89.9878	70.6374	73.763
内圈故障	69.2929	**53.0222**	70.6843	78.7976	80.7545	71.3216
外圈故障	52.9432	68.3629	**32.271**	82.3881	54.9254	63.0224
内圈-滚动体耦合故障	86.794	79.3307	85.0825	**53.7545**	84.6423	68.4681
内圈-外圈耦合故障	63.4612	68.8821	60.1318	78.9166	**44.2052**	68.8375
无故障	71.297	78.5239	61.7162	74.6124	68.3966	**28.9792**

表 4.15　基于多特征熵距方法的第三组故障的诊断结果

故障模式	未知 1	未知 2	未知 3	未知 4	未知 5	未知 6
滚动体故障	**39.0834**	73.3947	53.9249	85.5285	74.8697	72.8753
内圈故障	80.3624	**51.9698**	69.3861	78.6298	83.9563	71.5926
外圈故障	54.8422	62.9929	**35.5014**	80.4492	61.9057	68.3611
内圈-滚动体耦合故障	93.0263	74.6499	78.2667	**52.9426**	84.4091	69.0806
内圈-外圈耦合故障	68.1767	67.0159	56.6935	78.3422	**50.6897**	74.8200
无故障	73.2613	79.0534	64.5820	65.1077	70.2230	**33.4870**

表 4.16　基于多特征熵距方法的第四组故障的诊断结果

故障模式	未知 1	未知 2	未知 3	未知 4	未知 5	未知 6
滚动体故障	**34.1542**	72.7454	54.3563	86.7686	67.0591	70.0769
内圈故障	78.7407	**48.8116**	69.0016	75.123	80.3086	71.8007
外圈故障	53.8805	69.707	**35.6525**	76.7676	70.8726	62.7176
内圈-滚动体耦合故障	93.7459	71.7111	85.224	**51.1939**	82.3599	68.8693
内圈-外圈耦合故障	68.4437	76.1307	59.8124	78.0647	**45.4425**	70.1875
无故障	72.926	82.7161	64.3398	65.509	71.3279	**29.5332**

3) 多特征熵距方法的抗干扰能力验证

在滚动轴承真实的工作环境中，测取的振动信号和声发射信号总是被噪声信号或野值信号严重干扰。为了验证在有干扰情况下滚动轴承故障诊断中多特征熵距方法的抗干扰能力，叠加高斯白噪声到滚动轴承故障的振动信号和声发射信号上。首先，利用转子振动故障模拟试验台，针对每种滚动轴承故障，通过试验采集到 20 组含有振动信号和声发射信号的故障数据。6 种状态下一共有 120 组故障数据。这些(120 组)故障数据叠加带有均值为 0、方差为 5 的高斯白噪声，得到含有噪声的故障数据。基于多特征熵距方法，6 种滚动轴承状态的 120 组(含噪声和不含噪声)信号被诊断，诊断结果如表 4.17 所示。

4) 基于多特征熵距方法的轴承故障诊断结果分析

由图 4.20～图 4.25 可以看出，未知故障属于最接近水平轴的特征熵距曲线所对应的故障类型，即未知故障与已知故障之间的特征熵距是最小的。然而，图 4.21 中存在重叠的部分，以至于基于一种故障信号的多特征熵距方法不能准确、有效地判断未知故障的故障类型。因此，需要基于振动信号和声发射信号的多转速点数据来实现滚动轴承故障的综合诊断。

表 4.17　滚动轴承故障诊断的多特征熵距抗干扰能力验证结果

故障模式	样本数/个	总数/个	不含噪声的信号		含噪声的信号	
			正确个数(正确率)	总正确个数(正确率)	正确个数(正确率)	总正确个数(正确率)
滚动体故障	20		20(1.0)		19(0.95)	
内圈故障	20		19(0.95)		20(1.0)	
外圈故障	20		20(1.0)		19(0.95)	
内圈-滚动体耦合故障	20	120	18(0.9)	116(0.967)	18(0.9)	114(0.95)
内圈-外圈耦合故障	20		19(0.95)		18(0.9)	
无故障	20		20(1.0)		20(1.0)	

由图 4.26～图 4.31 可知，对于同一种未知故障，单一信号(振动信号或声发射信号)和多种信号(振动信号和声发射信号)的多特征熵距曲线具有相同的趋势变化。因为基于多种信号的多特征熵距方法比基于单一信号的多特征熵距方法更能有效地反映信号特征，所以基于振动和声发射两种信号的多特征熵距方法能显著改善这些曲线的重叠问题，使未知故障能有效地和其他故障分离，这些结果验证了多特征熵距方法，特别是基于多种信号的多特征熵距方法，能大大地改善滚动轴承故障诊断的精度和效果。

表4.12～表4.16中的结果验证了多特征熵距方法能准确地诊断滚动轴承5种故障数据中的每一种未知故障，进一步确认了高精度多特征熵距方法的可行性和有效性。

从表4.17可看出，在没有噪声干扰的情况下，滚动轴承故障诊断中被正确诊断的故障样本是116个，诊断正确率(分类正确率)为0.967。然而，在噪声干扰下，正确诊断的故障样本为114个，诊断正确率为0.95。相对于没有噪声干扰的情况，有噪声干扰的故障诊断中正确诊断的故障样本少了2个，诊断正确率降低了0.017，可见多特征熵距方法在滚动轴承故障诊断中具有很强的抗干扰能力(抗噪声能力)，是一种有效的故障融合诊断方法，为工作在复杂环境下的大型涡轮机械(如航空发动机)状态监控和故障诊断提供了一种新方法。

4.5　本章小结

本章主要介绍了基于信息熵的航空发动机整机振动故障融合诊断技术，主要包括信息熵理论与不同分析域的 6 种信息熵方法、基于时域的过程功率谱熵的故障诊断技术、基于时-频域的小波相关特征尺度熵的转子故障特定分析域定量诊断技术、基于多种信号和多特征熵距的滚动轴承故障融合诊断技术。通过实例分析表明：①信息熵能反映信号的不确定性和信号变化的过程；②在基于多特征熵距的滚动轴承故障诊断中，基于多种信号的诊断结果优于基于单种信号的诊断结果；③多特征熵距方法能全面、直观地诊断出滚动轴承的故障类型，且诊断精度较高，是一种面对日益增大的特征参数和特征信息的有效诊断方法；④提出的多特征熵距方法在滚动轴承故障诊断中具有较强的抗干扰能力(抗噪声能力)；⑤通过融合多种信息熵，先进的多特征熵距方法能精确地监控和评估涡轮机械在复杂工作环境中的工作状态。然而，尽管信息熵技术能有效地提取故障信号的熵特征，并能较好地反映和描述故障的特征，但仍需一种有效而精确的模式识别方法与其相结合，对航空发动机整机振动复杂的故障信号实现精确的诊断。因此，第 5 章将信息熵技术与支持向量机方法相结合，介绍基于信息熵和支持向量机的航空发动机整机振动故障诊断技术。

参 考 文 献

[1] 陈非, 黄树红, 张燕平, 等. 基于过程的旋转机械振动故障定量诊断方法[J]. 动力工程, 2008, 28(4): 543-547.

[2] 李金涛, 张凤鸣, 李永宾, 等. 基于多元联合熵的航空发动机性能分析[J]. 控制系统, 2007, 23(1): 53-54.

[3] Vautard R, Yiou P, Ghil M. Singular-spectrum analysis: A toolkit for short, noisy chaotic signals[J]. Physic D, 1992, 58: 95-126.

[4] 韩捷, 张瑞林, 等. 旋转机械故障机理及诊断技术[M]. 北京: 机械工业出版社, 1997.

[5] 赵松年, 熊小芸. 子波变换与子波分析[M]. 北京: 电子工业出版社, 1998.

[6] Chen Y D, Du R, Qu L S. Fault features of large rotating machinery and diagnosis using sensor fusion[J]. Journal of Sound and Vibration, 1995, 188(2): 227-242.

[7] Xing X S. Physical entropy, information entropy and their evolution equations[J]. Science in China Series A: Mathematics, 2001, 44(10): 1331-1339.

[8] Endo H, Randan R. Enhancement of autoregressive model based gear tooth fault detection technique by the use of minimum entropy deconvolution filter[J]. Mechanical Systems and Signal Process, 2007, 21(Z): 906-919.

[9] 曾庆虎, 刘冠军, 邱静. 基于小波相关特征尺度熵的预测特征信息提取方法研究[J]. 中国机械工程, 2008, 19(10): 1193-1196.

[10] Xu Y S, Weaver J, Healy D, et al. Wavelet transform domain filters: A spatially selective noise filtration technique[J]. IEEE Transactions on Image Processing, 1994, 3(6): 747-758.

[11] Pan Q, Zhang L, Dai G Z, et al. Two denoising methods by wavelet transform[J]. IEEE Transactions on Signal Processing, 1999, 47(2): 3401-3406.

[12] 桂中华, 韩凤琴. 小波包特征熵神经网络在尾水管故障诊断的应用[J]. 中国电机工程学报, 2005, 25(4): 99-102.

[13] Yang W X, Hull J, Seymour M. Detecting the singularities in engineering signals[J]. Journal of Materials Processing Technology, 2006, 175(1-3): 439-445.

[14] Li H K, Zhou P L, Ma X J. Pattern recognition on diesel engine working condition by using a novel methodology—Hubert spectrum entropy[J]. Journal of Marine Engineering and Technology, 2005, (6): 43-48.

[15] Qu L S, Li L M, Lee J. Enhanced diagnostic certainty using information entropy theory[J]. Advanced Engineering Informatics, 2003, 17(3-4): 141-150.

[16] 耿俊豹, 黄树红, 陈非, 等. 基于信息熵贴近度的旋转机械故障诊断[J]. 华中科技大学学报(自然科学版), 2006, 34(11): 93-95.

[17] 陈非. 基于融合信息熵距的旋转机械故障定量诊断研究[D]. 武汉: 华中科技大学, 2005.

[18] 陈非, 黄树红, 张燕平, 等. 基于信息熵距的旋转机械振动故障诊断方法[J]. 振动、测试与诊断, 2008, 28(1): 9-13.

[19] 费成巍, 艾延廷. 航空发动机健康管理系统设计技术[J]. 航空发动机, 2009, 35(5): 24-29.

[20] Peter W, Peng Y H, Yam R. Wavelet analysis and envelop detection for rolling element bearing fault diagnosis their effectives and flexibilities[J]. Journal of Vibration and Acoustics, 2000, 123: 303-310.

[21] Zhang H L, Zhou J M, Li G. Improved wavelet analysis for induction motors mixed-fault diagnosis[J]. Frontiers of Electrical and Electronic Engineering in China, 2007, 2(3): 355-360.

[22] Lin J, Qu L S. Feature extraction based on morlet wavelet and its application for mechanical fault diagnosis[J]. Journal of Sound and Vibration, 2000, 234(1): 135-148.

[23] 何正友, 蔡玉梅, 钱清泉. 小波熵理论及其在电力系统故障检测中的应用研究[J]. 中国电机工程学报, 2005, 25(5): 38-43.

[24] 侯宏花, 桂志国. 基于小波熵的心电信号去噪处理[J]. 中国生物医学工程学报, 2010, 29(1): 22-29.

[25] 吴建宁, 伍滨, 王珏. 用小波熵评价人体步态变化[J]. 航天医学与医学工程, 2009, 22(9): 437-442.

[26] Weis S, Knauf A. Entropy distance: New quantum phenomena[J]. Journal of Mathematical Physics, 2012, 53(10): 102-206.

[27] Dube A, Dhamande L, Kulkarni P. Vibration based condition assessment of rolling element bearings with localized defects[J]. International Journal of Science & Technology Research, 2013, 2(4): 149-155.

[28] Cong F, Chen J, Dong G, et al. Vibration model of rolling element bearings in a rotor-bearing system for fault diagnosis[J]. Journal of Sound and Vibration, 2013, 332(8): 2081-2097.

[29] Mathew J, Alfredson R. The condition monitoring of rolling element bearings using vibration

analysis[J]. Journal of Vibration and Acoustics, 1984, 106 (3): 447-453.

[30] Kim B, Gu D, Kim J, et al. Rolling element bearing fault detection using acoustic emission signal analyzed by envelope analysis with discrete wavelet transform[M]//Kiritsis D, Emmanouilidis C, Koronios A, et al. Engineering Asset Lifecycle Management. London: Springer, 2010.

[31] Pandya D, Upadhyay S, Harsha S. Fault diagnosis of rolling element bearing with intrinsic mode function of acoustic emission data using APF-KNN[J]. Expert System Application, 2013, 40(10): 4137-4145.

[32] Chacon J, Kappatos V, Balachandran W, et al. A novel approach for incipient defect detection in rolling bearings using acoustic emission technique[J]. Applied Acoustics, 2015, 89(1): 88-100.

第5章　基于信息熵和支持向量机的航空发动机
整机振动故障融合诊断

本章将信息熵和支持向量机相结合，提出基于信息熵和支持向量机的航空发动机振动故障融合诊断方法，包括基于小波包特征谱熵和支持向量机的融合诊断方法、基于小波能谱熵和支持向量机的融合诊断方法和基于功率谱熵和支持向量机(PSE-SVM)的融合诊断方法。由于航空发动机整机振动样本难以获取，本章以转子振动故障诊断为例加以研究，即借助转子振动故障模拟试验台，模拟转子振动故障并采集所需各种振动故障样本，采用基于信息熵和支持向量机的振动故障融合诊断方法，完成转子振动故障融合诊断，最终加以验证。

5.1　基于小波包特征谱熵和支持向量机的转子振动
故障融合诊断

近几年信息熵方法作为信息处理手段在国内外得到了长足发展，在机械故障诊断领域开始应用。有关研究成果[1-5]均是以大量的故障数据样本为前提的。由于旋转机械，特别是大型复杂的旋转机械(如航空发动机、地面燃气涡轮机等)，其几何结构庞大且复杂，试验成本高，获取大量故障样本的难度大，研究人员往往不能准确掌握发动机的振动状态、振动特征和振动过程。针对航空发动机等大型复杂旋转机械振动信号特征提取和故障样本获取难的问题，本节提出一种基于小波包特征谱熵和支持向量机的转子振动故障融合诊断方法。用小波包对振动故障信号进行分解，提取故障信息含量大的频带并计算其小波包特征谱熵作为故障特征，建立故障诊断模型。通过对转子振动故障和航空发动机整机振动故障的类别区分和故障严重程度判断，验证该方法在转子振动故障信号特征提取、小样本条件下故障诊断方面的可行性及有效性。

5.1.1　基于小波包特征谱熵和支持向量机的转子振动故障诊断模型

本书在第2章、第3章和4.1.7节分别介绍了基于信息熵和支持向量机的故障诊断综合模型、支持向量机和小波包特征谱熵基本理论。考虑已给出的基于信息熵和支持向量机的故障融合诊断模型，以及小波包特征谱熵和支持向量机理论，这里给出了基于小波包特征谱熵和支持向量机的转子振动故障融合诊断流程，如图 5.1 所示。其总体思路为先利用小波包特征谱熵对振动数据进行特征提取，再利用支持向量机对信息特征进行诊断和预测。

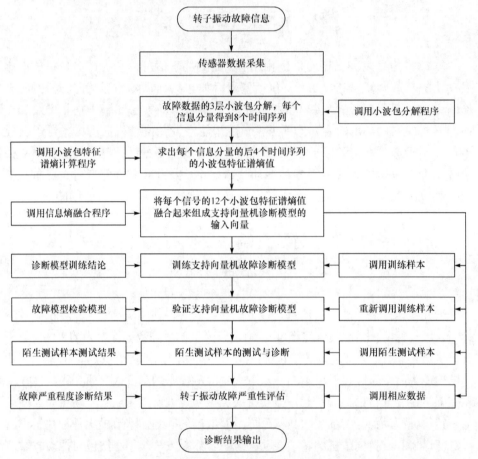

图 5.1　基于小波包特征谱熵和支持向量机的转子振动故障融合诊断流程

由图 5.1 可知，基于小波包特征谱熵和支持向量机的转子振动故障诊断的详细过程如下。

(1) 在转子振动故障模拟试验台上进行不同的转子故障模拟试验并采集试验数据。

(2) 基于小波包分解技术，对所获取的故障数据进行 3 层分解，即每个信息分量含有 8 个时间序列。

(3) 基于小波包特征谱熵计算程序，求出每个信息分量的后 4 个时间序列的小波包特征谱熵值。

(4) 调用信息熵融合程序，将每个信号 3 层共 12 个小波包特征谱熵值融合起来构建支持向量机诊断模型的输入向量，作为样本向量集，并将其分为训练样本和测试样本集。

(5) 基于训练样本集，训练支持向量机故障诊断模型，并输出结果。

(6) 基于训练样本集，测试该支持向量机故障诊断模型的学习能力，并输出结果。

(7) 基于测试样本集，测试已建立好的支持向量机故障诊断模型的推广能力(鲁棒性)，并输出结果。

(8) 回到步骤(1)采集转子不同故障程度的故障样本，重复步骤(2)～(7)，进行转子故障严重程度数据分析以及支持向量机建模、分析与评估，并输出分析结果，完成基于小波包特征谱熵和支持向量机的转子振动故障诊断。

5.1.2　转子振动故障模拟试验

本章试验基于如图 4.10 所示的转子振动故障模拟试验台及其测量系统。在转子振动故障模拟试验台的不同位置布置 3 个振动测点，测取振动加速度信号。为了取得转子振动故障的相关数据，在试验台上进行轴系不对中、转子不平衡、转子碰摩和支座松动 4 种故障模式的模拟试验。每次采集的一组数据是某种故障模式下的一组含有 3 个振动信号分量的振动特征数据。每种故障都设计在不同转速下进行模拟试验，并进行多次数据采集，最后针对每种故障模式选出能够反映故障有效振动特征的 40 组故障信号作为故障样本。

5.1.3　转子振动故障诊断实例分析

1. 小波包特征谱熵提取

转子振动故障信号经小波包分解后被划分到不同的频带上。但是，由于转子振动出现故障时会对高频带信号的能量产生很大的影响[6]，故障的高频信号中聚集着故障信号的大部分能量。经过研究分析发现，1kHz 以上频带的能量能够较好地反映振动故障的特征。因此，这里提取 1kHz 以上的高频带信号进行小波包特征谱熵计算。每种故障模式取 40 组振动故障信号，每组振动故障信号包含 3 个信号分量，对 3 个信号分量进行降噪和去直流分量后再进行三层小波包分解，每个信号分量可以得到 8 个时间序列，再求出每个信号分量的后 4 个时间序列的小波包特征谱熵，将这 3 个信号分量的 12 个小波包特征谱熵值融合在一起，组成基于支持向量机的转子振动故障诊断模型的输入向量$(H_1, H_2, \cdots, H_{12})$。表 5.1 列出了每种故障模式的 5 组小波特征熵值向量，共 20 组向量。

表 5.1　部分小波包特征谱熵向量

故障模式	样本号	H_1	H_2	H_3	H_4	H_5	H_6	H_7	H_8	H_9	H_{10}	H_{11}	H_{12}	所属类别
轴系不对中	1	4.315	4.398	4.458	4.893	4.690	4.872	4.969	4.998	5.014	5.093	5.124	5.191	1
	2	4.374	4.730	4.469	4.561	4.637	4.832	4.685	4.689	4.921	5.032	5.074	5.312	1
	3	4.466	4.472	4.862	4.651	4.358	4.937	5.264	5.007	5.268	5.393	5.109	5.333	1
	4	4.991	4.621	4.751	4.598	4.978	4.912	4.665	4.863	4.991	4.654	5.047	5.350	1
	5	4.865	4.713	4.753	4.852	4.963	4.789	4.952	4.963	4.987	5.032	5.267	5.255	1
转子不平衡	1	5.402	4.790	4.987	4.963	4.951	5.162	5.275	5.286	5.379	5.134	5.852	5.445	2
	2	4.966	4.843	4.988	4.689	4.941	5.091	5.332	5.311	5.621	5.961	5.423	5.442	2
	3	4.890	4.750	4.785	4.965	4.658	5.126	5.256	5.312	5.288	5.037	5.103	5.175	2
	4	4.554	4.120	4.136	4.268	4.357	4.621	4.592	4.639	4.268	4.521	4.623	4.622	2
	5	5.150	5.327	4.689	4.721	4.831	4.938	4.537	5.019	5.096	5.138	5.208	4.730	2
转子碰摩	1	5.292	4.910	5.284	5.246	5.034	5.130	5.120	5.281	4.952	4.896	5.286	5.305	3
	2	4.867	5.163	4.851	4.861	5.038	5.642	4.489	4.608	4.920	4.675	5.237	5.304	3
	3	4.993	5.138	3.598	3.721	4.047	4.234	3.247	4.672	4.268	4.861	5.071	5.238	3
	4	5.152	4.357	4.384	4.924	4.538	5.127	4.265	5.065	4.597	4.861	5.123	5.215	3
	5	5.185	5.230	4.677	4.611	4.586	4.911	4.691	5.016	4.914	5.138	5.069	5.157	3
支座松动	1	3.578	4.505	4.657	4.887	4.547	4.977	3.367	4.621	5.037	5.237	5.681	5.156	4
	2	5.260	4.908	5.131	5.341	4.456	4.989	3.831	3.982	4.977	5.341	5.321	5.413	4
	3	4.777	5.169	4.651	4.688	5.065	5.398	4.644	4.645	5.601	5.301	5.021	4.997	4
	4	4.871	5.366	4.357	4.987	5.035	4.977	4.305	4.733	5.684	5.410	5.214	5.271	4
	5	4.786	5.030	4.687	4.538	5.281	4.654	3.589	5.031	4.564	4.931	5.384	4.939	4

2. 转子振动故障诊断模型训练

使用 Lib-SVM 工具箱，在 MATLAB 软件中采用一对多分类方法，通过编程构建故障诊断模型，使用的核函数为高斯径向基核函数 $K(\boldsymbol{x}_i, \boldsymbol{x}) = \exp\left(-\dfrac{\|\boldsymbol{x} - \boldsymbol{x}_i\|^2}{\sigma^2}\right)$。经验表明，该函数分类效果优于其他核函数，具有良好的学习能力。选择每种故障模式的 10 组样本组成训练样本集，作为输入样本，依次训练支持向量机分类器获得最优分类函数。

为了验证该模型的学习能力和泛化能力，用训练后的支持向量机诊断模型对 4 种故障样本进行分类测试，结果显示可以完全正确分类，其正确率为 100%。再用每种故障模式剩余的 30 个陌生的测试样本对已建立的支持向量机模型进行测试与评估，结果发现有 4 个测试样本数据出现误判，测试结果如表 5.2 所示，诊断平均正确率为 96.67%。由此可见,该模型不但具有很好的学习能力,也具有较好的泛化能力和容错能力,对故障模式类型的确定是有效的。

表 5.2　基于小波包特征谱熵和支持向量机的转子故障类别诊断结果

故障模式	测试样本数/个	正确识别数/个	正确率/%	平均正确率/%
轴系不对中	30	29	96.67	
转子不平衡	30	29	96.67	96.67
转子碰摩	30	28	93.33	
支座松动	30	30	100	

3. 转子振动故障严重程度确定

为了用该方法确定某种故障的严重程度,选取支座松动故障模式进行研究。分别以无支座松动、1 个支座松动、2 个支座松动和 3 个支座松动模拟 4 种支座松动故障模式,用同样的方法提取它们的信号特征,并计算出其小波包特征谱熵;同样取每种故障模式 10 个熵向量作为训练数据样本,共 40 组训练数据,再利用一对多分类方法训练样本,建立支持向量机故障诊断模型。

故障诊断模型建立之后,分别用 4 种不同故障程度的训练样本对模型进行测试,测试结果显示对 4 种故障训练样本都可以完全正确分类,其故障严重程度判别的正确率为 100%。再用 1 个支座松动故障程度的 30 个陌生测试样本,对模型进行验证,结果有 2 个测试样本出现误判,如表 5.3 所示,正确率为 93.33%。

表 5.3　基于小波包特征谱熵和支持向量机的转子故障严重程度诊断结果

故障模式	测试样本数/个	诊断结果/个	正确率/%	误判率/%
无支座松动	0	1		
1 个支座松动	30	28	93.33	6.67
2 个支座松动	0	1		
3 个支座松动	0	0		

从表 5.3 可以看出,基于小波空间特征谱熵和支持向量机的故障诊断方法能对转子振动故障的严重程度进行有效诊断,具有良好的学习能力、泛化能力和容错能力。

5.1.4　航空发动机整机振动故障诊断实例分析

1. 整机振动故障的数据获取

航空发动机整机振动的测试和常见故障类型已在第 2 章做了详细的介绍,航空发动机整机振动典型截面和测点的选取如图 2.1 所示。在航空发动机整机试验台 5 个截面的 9 个测点布置传感器(即 9 个振动测点，测取振动速度或加速度信号)。为了取得整机振动故障的有用数据，在已获得的大量航空发动机整机振动数据中，选取能够体现出 4 种典型故障(即轴系不对中、转子不平衡、转子碰摩和支座松动)的足量有效数据；每种故障模式选出能够反映故障有效振动特征的 40 组故障信号作为故障样本。每组信号含有航空发动机整机 9 个测点的分信号。于是，共有 4 种典型故障模式下的 40 组样本数据共 360 个分信号，为整机振动信号数据的小波包特征谱熵提取做好准备。

2. 基于小波包特征谱熵和支持向量机的故障诊断模型

在第 3 章已经叙述过基于支持向量机和信息熵的故障融合诊断模型，在第 4 章已经介绍了支持向量机的相关理论。基于小波包特征谱熵和支持向量机的航空发动机整机振动故障诊断模型与 5.1.3 节的转子振动故障诊断模型相似，如图 5.1 所示。不同的是航空发动机整机振动故障诊断中有 9 个测点，振动样本中每个向量含有 36 个样本值。

3. 小波包特征谱熵提取

与转子振动故障信号相似，航空发动机整机振动故障信号经小波包分解后，也被划分到不同的频带上，高频带信号聚集着航空发动机整机振动故障信号的大部分能量。因此，提取 1kHz 以上的高频带信号进行小波包特征谱熵计算。每种故障模式取 40 组振动故障信号，每组振动故障信号包含 9 个信号分量，对 9 个信号分量进行降噪和去直流分量后再进行三层小波包分解，每个信号分量可以得到 8 个时间序列，再求出每个信号分量的后 4 个时间序列的小波包特征谱熵，将 9 个信号分量的 36 个小波包特征谱熵值融合在一起，组成基于支持向量机的航空发动机整机振动故障诊断模型的输入向量$(H_1, H_2, \cdots, H_{36})$。表 5.4 列出了每种故障模式的 5 组小波包特征谱熵值向量，共 20 组向量。

表 5.4　整机振动测试样本部分小波包特征谱熵向量

故障模式	样本号	$H_1 \sim H_4$	$H_5 \sim H_8$	$H_9 \sim H_{12}$	$H_{13} \sim H_{16}$	$H_{17} \sim H_{20}$	$H_{21} \sim H_{24}$	$H_{25} \sim H_{28}$	$H_{29} \sim H_{32}$	$H_{33} \sim H_{36}$	所属类别
轴系不对中	1	4.3152	4.6904	5.0144	7.4728	7.5151	6.8254	7.2539	6.1805	7.4043	1
		4.3984	4.8724	5.0934	3.4645	5.6411	8.0583	2.0059	5.1874	6.6300	
		4.4580	4.9696	5.1243	4.4713	6.8587	3.3589	6.3757	5.9833	2.9192	
		4.8939	4.9988	5.1912	7.3773	4.8170	5.6927	6.5448	4.0374	3.5990	

续表

故障模式	样本号	$H_1 \sim H_4$	$H_5 \sim H_8$	$H_9 \sim H_{12}$	$H_{13} \sim H_{16}$	$H_{17} \sim H_{20}$	$H_{21} \sim H_{24}$	$H_{25} \sim H_{28}$	$H_{29} \sim H_{32}$	$H_{33} \sim H_{36}$	所属类别
轴系不对中	2	4.3743	4.7304	4.4659	4.5661	4.6737	4.8732	4.6785	4.7689	4.7921	1
		5.0632	3.2548	3.8435	3.2109	6.1626	6.3669	5.9459	5.2233	5.4955	
		5.0574	0.7523	8.9872	6.5561	7.2876	2.7652	4.5468	3.6640	7.6454	
		5.3152	4.1954	7.0050	7.2423	5.4955	5.2233	0.7523	4.3433	3.9385	
	3	4.4566	4.4772	4.8652	4.6451	4.3578	4.4937	5.2664	5.0407	5.2668	1
		5.3593	0.9633	1.5165	5.6683	3.5596	2.6072	2.1917	6.1443	5.0187	
		5.1509	7.0940	7.5004	7.1213	4.5457	6.8830	5.0035	2.6345	4.2420	
		5.3533	6.4592	7.4327	6.1274	7.6332	8.9872	6.1604	2.6643	5.8163	
	4	4.9591	4.6621	4.7351	4.5958	4.3978	4.9132	4.1665	4.8463	4.9491	1
		4.6754	1.2014	4.3624	4.8615	5.3142	5.5595	7.9518	8.1555	7.8513	
		5.0747	1.2370	7.8394	7.8420	6.8443	3.2561	2.3134	6.6416	2.8386	
		5.3750	8.9872	0.9589	1.9361	6.9977	5.3854	3.5617	2.6034	7.0394	
	5	4.8765	4.7133	4.7533	4.8352	4.9363	4.3789	4.9352	4.9633	4.9847	1
		5.0732	5.4345	5.3138	1.2486	7.8339	5.6135	4.6171	6.2607	5.4499	
		5.2767	7.0386	4.2551	2.3110	6.5748	6.8776	4.9592	6.4193	7.0297	
		5.2585	3.2343	3.3737	6.4700	6.8601	6.7404	7.0372	6.6665	7.0517	
转子不平衡	1	5.4802	4.3790	4.3987	4.9633	4.9151	5.1612	5.2175	5.2386	5.3739	2
		5.1534	5.4402	5.2989	5.4887	5.9128	5.9246	5.5501	5.5153	6.1698	
		5.8652	4.4444	5.4578	5.8969	5.2894	3.6659	4.9320	2.7702	4.8342	
		5.4545	6.1543	5.6328	6.0591	2.6626	5.7982	5.0277	1.9854	3.9743	
	2	4.9566	4.8343	4.9388	4.3689	4.3941	5.3091	5.3332	5.5311	5.6251	2
		5.9561	5.7690	1.3711	0.7207	5.3213	5.4349	5.3075	5.3342	5.6447	
		5.4523	4.1991	5.6159	5.1461	5.7608	5.2857	2.5358	2.5417	5.4179	
		5.4342	0.6220	2.0489	5.0126	0.0133	3.3006	1.6341	5.0893	4.4453	
	3	4.8390	4.7550	4.5785	4.9625	4.6548	5.1526	5.2256	5.3122	5.2848	2
		5.0237	4.2475	4.8425	4.5031	5.7873	6.0874	6.9078	5.5774	5.2143	
		5.1603	5.8427	5.4251	5.3430	5.0157	5.6552	5.1468	4.9681	5.1330	
		5.1775	5.6057	0.9424	3.8406	4.8790	4.0646	2.4322	5.0410	3.8811	
	4	4.5854	4.1260	4.1364	4.2684	4.3527	4.4621	4.5952	4.3639	4.2658	2
		4.5921	1.9215	2.5789	5.4546	4.4513	3.8366	4.1813	5.5798	5.5257	
		4.6523	5.1295	5.2437	4.7336	4.1056	5.1731	5.7120	5.6215	4.6762	
		4.6322	5.7260	5.2893	5.2279	5.5139	4.4769	3.8728	5.2598	6.0865	
	5	5.1850	5.3327	4.6589	4.7251	4.8351	4.9538	4.5537	5.5019	5.0596	2
		5.1238	3.2270	5.3927	5.7328	3.1955	2.5940	3.3655	3.8757	3.5224	
		5.2808	4.8544	5.9273	2.7258	5.5245	3.1890	4.0519	4.7354	3.9453	
		4.7230	4.6193	6.9078	3.7277	6.4235	3.9754	4.8818	3.6621	5.8976	

故障模式	样本号	$H_1\sim H_4$	$H_5\sim H_8$	$H_9\sim H_{12}$	$H_{13}\sim H_{16}$	$H_{17}\sim H_{20}$	$H_{21}\sim H_{24}$	$H_{25}\sim H_{28}$	$H_{29}\sim H_{32}$	$H_{33}\sim H_{36}$	所属类别
转子碰摩	1	5.2692	4.9510	5.2854	5.2456	5.0534	5.1350	5.1250	5.5281	4.9252	3
		4.8296	2.2035	0.7478	5.0690	2.9497	3.5224	2.0010	5.7674	4.7363	
		5.2586	5.1401	5.8039	5.9416	4.2962	2.8990	2.7049	1.1835	4.6887	
		5.3305	5.7229	5.0981	5.7766	3.0833	5.0907	2.4132	4.6517	1.0920	
	2	4.8567	5.1653	4.8561	4.8661	5.0368	5.6642	4.4789	4.7608	4.9720	3
		4.6375	5.5641	5.6705	6.0288	5.6945	4.9691	5.5988	5.4481	5.8412	
		5.2537	2.3010	4.3249	5.8916	3.2879	5.7647	5.5470	5.2021	4.9656	
		5.3304	4.9256	1.5068	4.2033	3.4353	2.4918	5.3208	1.5469	1.4917	
	3	4.9593	5.1538	3.5298	3.721	4.0647	4.2834	3.9247	4.6372	4.2268	3
		4.8061	2.1600	5.1575	4.4212	5.3604	4.1593	4.7784	0.9235	1.4173	
		5.0671	3.4095	2.3532	1.6936	1.0326	5.0251	3.5240	2.2370	3.3404	
		5.2338	4.1997	5.2946	2.9673	4.3209	1.8593	3.1857	4.9969	5.2740	
	4	5.1552	4.3757	4.3874	4.9724	4.5378	5.1727	4.2765	5.0675	4.5977	3
		4.8361	5.5280	2.9861	5.6003	6.1814	5.5735	5.7925	5.6943	6.1567	
		5.1523	4.5592	4.5194	5.2213	3.3582	5.5829	2.0471	5.0025	5.5663	
		5.2315	5.0866	5.1392	5.5518	3.5766	4.8172	1.4773	5.5295	4.5409	
	5	5.1685	5.2730	4.6777	4.7611	4.5486	4.9113	4.6491	5.0136	4.9314	3
		5.1338	5.5934	4.8404	5.2319	1.2977	3.8997	5.3283	3.7217	3.8499	
		5.0669	5.8290	5.0967	5.6826	1.9028	5.3476	5.5424	4.9507	4.6094	
		5.1257	5.0086	5.0635	2.2934	6.2273	4.8512	5.0848	5.3595	5.5297	
支座松动	1	3.5678	4.5305	4.6357	4.8487	4.5447	4.9757	3.3674	4.621	5.0327	4
		5.2237	5.8516	3.8006	3.8195	5.5522	6.1722	5.0272	1.6447	1.4447	
		5.6681	5.7740	5.4431	5.0682	5.9043	5.5848	4.6688	3.4593	2.9801	
		5.1356	5.6182	4.3085	4.4561	4.7537	5.5839	4.3720	5.3702	5.5763	
	2	5.2860	4.9082	5.1431	5.4341	4.4556	4.2989	3.4831	3.9682	4.1977	4
		5.3341	4.0453	4.3344	2.1773	0.9122	0.8945	4.5242	3.8522	1.8412	
		5.3221	1.5532	5.1846	1.4316	4.7936	1.2122	4.1884	0.4416	2.5543	
		5.4691	3.2626	3.6364	0.7443	4.0730	4.8192	3.3823	5.0042	2.2521	
	3	4.7737	5.5169	4.5651	4.6858	5.0655	5.3958	4.6464	4.6465	5.6001	4
		5.3021	1.9191	3.1602	4.4700	5.3727	3.9802	2.6316	0.9991	1.3737	
		5.0231	4.5770	4.6222	2.8270	5.3651	2.8732	5.4495	3.4071	4.2568	
		4.9927	2.8805	1.9000	0.8328	4.3961	2.1255	2.2585	1.1156	4.9570	

续表

故障模式	样本号	$H_1\sim H_4$	$H_5\sim H_8$	$H_9\sim H_{12}$	$H_{13}\sim H_{16}$	$H_{17}\sim H_{20}$	$H_{21}\sim H_{24}$	$H_{25}\sim H_{28}$	$H_{29}\sim H_{32}$	$H_{33}\sim H_{36}$	所属类别
支座松动	4	4.8761	5.3616	4.3157	4.9387	5.4035	4.9757	4.3805	4.7353	5.6484	4
		5.4130	5.2443	2.7617	4.2098	2.1156	4.0031	4.9094	1.3396	0.8827	
		5.2164	3.8811	5.1225	2.6807	2.0068	5.2643	5.0230	3.6622	1.2738	
		5.2731	4.0751	5.0700	5.0332	2.9353	2.7973	4.7152	5.2258	1.8849	
	5	4.7866	5.0360	4.6847	4.4538	5.2816	4.6564	3.5849	5.0431	4.5664	4
		4.9331	4.3406	5.4455	5.2378	1.2771	1.4777	5.3050	4.8439	2.6231	
		5.3864	3.7031	5.1554	4.0553	3.0531	5.9540	1.5728	3.4368	4.0427	
		4.9339	4.4944	4.4598	1.8661	4.1286	1.5134	6.0330	5.5233	5.6946	

4. 信息融合故障诊断模型训练与验证

使用 Lib-SVM 工具箱，在 MATLAB 软件中采用一对多分类方法，通过编程构建故障诊断模型，使用的核函数为高斯径向基核函数 $K(\boldsymbol{x}_i,\boldsymbol{x}) = \exp\left(-\dfrac{\|\boldsymbol{x}-\boldsymbol{x}_i\|^2}{\sigma^2}\right)$。

选择每种故障模式的 10 组样本组成训练样本集，作为输入样本，依次训练支持向量机分类器获得最优分类函数。

为了验证该模型的学习能力和泛化能力，用训练后的支持向量机诊断模型对 4 种故障样本进行分类测试，结果表明可以完全正确分类，其正确率为 100%。再用每种故障模式剩余的 30 个陌生测试样本进行测试，有 5 个测试样本数据误判，测试结果如表 5.5 所示，平均正确率为 95.83%。可见该模型不但具有很好的学习能力，也具有较好的泛化能力和容错能力，对故障模式类别的确定是有效的。

表 5.5　航空发动机整机振动故障类别诊断结果

故障模式	测试样本数/个	正确识别数/个	正确率/%	平均正确率/%
轴系不对中	30	30	100	
转子不平衡	30	27	90	95.83
转子碰摩	30	29	96.67	
支座松动	30	29	96.67	

5. 故障严重程度的确定

为了用该方法确定某种故障的严重程度，以不平衡故障为研究对象，选取严重程度不同的故障模式，分别为无故障、轻度故障、较严重故障和严重故障，分别用 0、Ⅰ、Ⅱ、Ⅲ表示。采用同样的方法提取它们的信号特征，并计算出其小波包特征谱熵；同样取每种故障模式的 10 个熵向量作为训练数据样本，共 40 组训练数据，利用一对多分类方法训练样本，建立支持向量机故障诊断模型。

　　故障诊断模型建立之后，分别用 4 种不同故障严重程度的训练样本对模型进行测试，测试结果显示都可以完全正确分类，其故障严重程度判别的正确率为 100%。再用故障程度 I 的 30 个陌生测试样本对模型进行测试与验证，结果有 4 个测试样本出现误判，如表 5.6 所示，其平均正确率为 86.67%。

表 5.6　航空发动机整机振动故障严重程度诊断结果

故障模式	测试样本数/个	诊断结果/个	平均正确率/%	误判率/%
0	0	1		
I	30	26	86.67	13.33
II	0	2		
III	0	1		

　　从表 5.6 可以看出，基于小波包特征谱熵和支持向量机的航空发动机整机振动故障诊断方法的正确率为 86.67%，可见该方法能较好地对航空发动机整机振动故障的严重程度进行有效诊断，具有良好的学习能力、泛化能力和容错能力。

　　实例计算分析表明，基于小波包特征谱熵和支持向量机的转子振动和航空发动机整机振动故障融合诊断方法，不但能很好地对转子振动故障类别及严重程度进行有效的诊断和识别，而且能很好地提取转子非平稳振动信号的特征。另外，在小样本情况下还具有较好的故障模式识别能力以及较强的学习能力、泛化能力、容错能力，为转子振动故障诊断提供了一种新途径，但该诊断方法能否有效地诊断出故障的发生部位，还需进一步验证。

5.2　基于小波能谱熵和支持向量机的转子振动故障融合诊断

　　大多数转子故障信号是非线性和非平稳的，传统的诊断技术在实际应用中常常因故障特征提取不理想，而不能有效地反映故障特征，最终无法得到很好的效果[7]。因此，迫切需要寻找一种精确、有效的故障特征提取技术。小波分析技术[8,9]在处理振动信号时效果很好，它的基本思想是先对测得的振动信号进行小波(或小波包)分解，再提取故障特征进行诊断。但是早期故障信息各个频段的故障信号比较微弱且常受到噪声干扰，直接对信号进行小波分析无法有效地提取故障特征信息，诊断效果并不理想。小波能谱熵建立在小波分析和信息熵理论的基础上，能反映复杂信号中各频带内分量的暂态变化，可以在状态监测和故障识别中用于提取微弱的故障信号特征[10]。对于航空发动机、地面燃气涡轮机等大型旋转机械，由于其几何结构庞大且复杂，利用信息融合技术对故障信息进行融合分析与诊断，效果会更佳[11]。支持向量机是在统计学习理论基础上发展出的一种模式识别方法，解决了小样本、非线性和高维模式识别等实际问题，具有理论完备、适应性强、全局优化、训练时间短、泛化和容错性能好等优点[12]，能很好地解决维数灾难和过学习等传统算法难以解决的问题，已经在很多领域得到广泛应用[13,14]。

　　本节融合小波能谱熵和支持向量机理论的优点，提出基于小波能谱熵和支持向量机的故障诊断方法，对各状态的特征向量集进行训练，建立支持向量机故障诊断模型；再将该方法应用到转子振动故障诊断中，通过转子模拟试验和实例计算分析验证其可行性和有效性。

5.2.1 基于小波能谱熵和支持向量机的转子振动故障诊断模型

　　基于小波能谱熵和支持向量机的转子振动故障诊断方法的基本思路为：利用小波变换方法对振动信号进行分解，结合信息熵理论得到小波能谱熵 H_{wes}，进而构造 H_{wes} 特征向量集；再以 H_{wes} 特征向量为诊断样本，利用支持向量机进行故障诊断。小波能谱熵与支持向量机之间的关系是特征提取与模式识别的关系，如图 5.2 所示。首先对获取的振动信号进行预处理；然后对这些诊断样本数据进行小波分

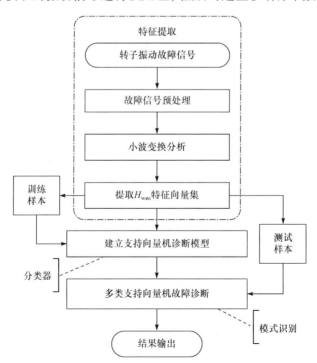

图 5.2　基于小波能谱熵和支持向量机的转子振动故障诊断模型

解与重构，结合信息熵理论得出各分量的 H_{wes}，选择最能反映故障特征的 H_{wes} 作为特征向量，将提取的 H_{wes} 特征向量作为支持向量机模型的输入，进行支持向量机训练并建立支持向量机故障诊断模型；最后利用支持向量机模型对未知特征向量进行分类，即将这些特征向量输入支持向量机诊断模型中，得到相应的计算结果，从而实现转子振动故障诊断。

5.2.2　转子振动故障模拟试验

为验证小波能谱熵在转子振动故障诊断中的可行性和有效性，选择转子振动的无故障、转子不平衡、轴系不对中、转子碰摩和支座松动 5 种故障模式为研究对象。为了获取转子的振动数据，在转子振动故障模拟试验台上进行这 5 种故障模式的模拟试验。

转子转速为 3000r/min 时，采集足够多的振动数据作为故障样本，采样频率为 2kHz，每个数据样本长度为 512 个点。

5.2.3　小波能谱熵特征提取及向量集建立

为了方便不同状态下的信号比较，对原始振动信号 x_i 进行规范化预处理，即

$$x_{ni} = \frac{x_i - \mu}{\sigma} \tag{5.1}$$

式中，μ 和 σ 分别表示信号的均值和标准差。

由于经过预处理后信号的统计规律不发生变化，不会影响诊断的结果。根据上述小波能谱熵的提取方法，分别获取转子振动无故障、转子不平衡、轴系不对中、转子碰摩和支座松动 5 个状态的振动数据进行分析。在小波系数上加滑动窗，设窗宽 $w=N$，滑动因子 $\delta \in \mathbf{N}$，$w=10000$，δ 取 10，选用 db8 小波包进行小波变换，进而计算出 200 组小波能谱熵值，同时绘制出数据曲线如图 5.3 所示。

由图 5.3 可知，当转子出现故障时，小波能谱熵值增大，这是因为转子无故障时，只在单一的尺度上有能量的分布，但能量的分布很不均匀，小波能谱熵值很小。而当故障出现并加剧时，多个频段都有能量，能量分布逐步均匀，小波能谱熵值相对变大，并且不同的故障有不同的能量分布规律和不同的幅值。这说明小波能谱熵能很好地表征各个状态的特征信息。

小波能谱熵的特征向量集建立过程如图 5.4 所示。先以等长度将预处理后的振动信号划分为 $o_1, o_2, \cdots, o_{r-1}, o_r$ 共 r 段，对每段信号先进行小波变换再提取小波能谱熵 H_{wes}，建立特征向量，将此特征向量作为状态的一个诊断样本，所有振动信号的小波能谱熵特征向量的集合就构成特征向量集，即诊断样本集。

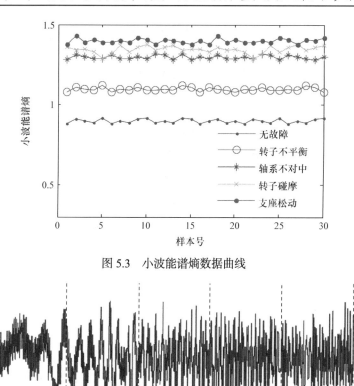

图 5.3 小波能谱熵数据曲线

图 5.4 振动信号的小波能谱熵特征向量集建立过程

5.2.4 实例分析

利用支持向量机对转子的 5 种故障模式进行诊断，选取 5 种故障模式的振动数据，共 200 组，各种故障模式数据分布分别为 53 组、34 组、41 组、33 组和 39 组。在支持向量机模型中，选择高斯径向基核函数 $K(\boldsymbol{x}_i, \boldsymbol{x}) = \exp\left(-\dfrac{\|\boldsymbol{x} - \boldsymbol{x}_i\|^2}{2\delta}\right)$，参数 δ 取 4，惩罚因子 C 取 293。对 5 种故障模式的每组数据进行小波变换，每个振动信号进行 8 段划分，即 T 取 8，分别提取它们的小波能谱熵，建立一个含有 8 个小波能谱熵值的特征向量。因此，5 种故障模式的特征向量数分别为 53、34、41、33 和 39，共 200 组，将其作为支持向量机诊断样本。

为了更加准确、有效地对转子振动故障进行诊断，引入基于支持向量机的智能诊断方法。首先，在特征向量诊断样本中每种模式选取 10 个特征向量作为训练样本，建立支持向量机模型，再用这些数据输入支持向量机模型来测试模型的有效性，其结果显示模型的测试正确率为 100%，可见支持向量机模型的分类效果良好；然后，将余下的 150 个特征向量作为测试样本输入支持向量机模型，检验该方法的泛化能力和容错能力，其结果如表 5.7 所示。为了凸显所提出的基于小波能谱熵和支持向量机的故障诊断方法的可行性和有效性，将未经过特征提取的转子振动信号原始数据作为支持向量机的待诊断样本，用同样的方法对支持向量机进行训练、测试与诊断，其结果与基于小波能谱熵和支持向量机(WESE-SVM)的诊断方法进行比较，结果如表 5.7 所示。

表 5.7 两种方法的诊断结果及其比较

故障模式	训练样本数/个	测试正确率/%		诊断样本数/个	SVM 诊断结果		WESE-SVM 诊断结果	
		SVM	WESE-SVM		正确数/个	正确率/%	正确数/个	正确率/%
无故障	10	100	100	43	38	88.37	41	95.35
转子不平衡	10	100	100	24	19	79.17	22	91.67
轴系不对中	10	100	100	23	18	78.26	20	86.96
转子碰摩	10	100	100	31	27	87.10	29	93.55
支座松动	10	100	100	29	24	82.76	26	89.66
总数或平均数	50	100	100	150	126	84.00	138	92.00

注：最后一行的正确数为总数，正确率为平均数。

从表 5.7 可以看出，用训练样本对已训练好的支持向量机模型进行学习能力测试，两种方法对训练样本的测试正确率均为 100%，说明支持向量机具有良好的学习能力。从对陌生样本的诊断结果来看，基于小波能谱熵的支持向量机方法对陌生样本的诊断正确率为 92.00%，明显比支持向量机单独诊断的正确率(84.00%)高，这说明单独用支持向量机直接对振动信号的原始数据进行故障诊断的效果较差。利用小波分析方法对振动信号的原始数据进行处理之后，再结合信息熵理论提取其故障特征熵值及其向量，更能体现原始信号的特征，以此作为故障诊断样本会使支持向量机的诊断效果更好。

实例计算分析表明，将小波变换方法和信息熵方法结合起来，提取的转子振动信号特征向量能最大容量地包含特征信息，减少冗余计算，并能很好地满足故障诊断的需求。将小波能谱熵和支持向量机结合起来而提出的基于小波能谱熵和支持向量机的故障诊断方法在转子振动故障诊断中是可行和有效的，为转子振动故障诊断提供了一种新思路。然而，本实例在构造诊断样本的特征向量时，只取了每个振动信号的 8 个 H_{wes} 值，不能完全体现故障信息的完整性。因此，可以进行更多层的小波分解，提取更多尺度熵的 H_{wes} 值来构造诊断样本，以便使诊断效果更好。另外，对于航空发动机、地面燃气涡轮机等复杂的大型旋转机械，该方法的有效性有待进一步验证。

5.3　基于功率谱熵和支持向量机的转子振动 故障融合定量诊断

在 4.2 节已经介绍了基于功率谱熵的转子振动故障诊断方法。该方法在判断转子振动故障类型和严重程度时，存在人为主观性，往往不能客观地对故障进行评估和判断。另外，对于转子振动故障样本，特别是航空发动机整机振动故障样本，存在获取难的问题。为了解决以上两方面的难题，本节将功率谱熵和支持向量机相融合，提出基于功率谱熵和支持向量机(PSE-SVM)的融合诊断方法。在故障诊断方面，支持向量机能直接给出转子系统的运行状况和故障诊断结果，不需要人为地去判断，能客观地给出诊断结果。由于支持向量机具有少样本的特点，支持向量机方法在建立故障诊断模型时需要的故障样本比较少，能在一定程度上缓解航空发动机或转子振动故障样本获取难的问题。本节给出基于功率谱熵和支持向量机的振动故障融合诊断模型，在转子振动故障模拟试验台上模拟出多通道多转速下的 4 种转子振动故障(转子不平衡、轴系不对中、转子碰摩和支座松动)的数据；再基于功率谱熵方法提取这些故障数据的功率谱熵特征值，作为故障特征向量，用于建立支持向量机故障诊断模型。对转子故障的类型、程度、位置和抗干扰性进行诊断和验证，以证明所提方法在少样本、高精度、强抗干扰能力方面的优势，为转子振动及航空发动机整机振动故障诊断提供一种可行且有效的方法。

5.3.1　转子振动故障模拟试验

1. 典型振动故障的选择

转子不平衡、轴系不对中、转子碰摩和支座松动是 4 种典型转子振动故障模式，也是航空发动机整机运动下常出现的振动故障。这里选择这 4 种故障模式来介绍基于功率谱熵和支持向量机的转子振动故障诊断方法。

2. 模拟试验

为了获取振动故障数据，通过转子振动故障模拟试验台来模拟 4 种典型故障模式。该模拟系统包括试验台和测试系统。

为了研究转子振动过程的特征，在此用转子振动故障模拟试验台对 4 种典型故障模式(转子不平衡、轴系不对中、转子碰摩和支座松动)进行模拟，模拟转速范围为 0~3000r/min。每种故障模式采用升速法进行多次模拟试验，每隔 100r/min

记录一组故障数据，即采样间隔为 100r/min。4 个传感器(4 个振动信号通道)固定在转子振动故障模拟试验台用于测量 4 个点的振动加速度，这些数据作为转子振动故障诊断的原始数据。在振动故障模拟的过程中，通过在盘上加不同大小的质量块来模拟不平衡故障，用两个转子轴的轴线不在同一条线上来模拟转子系统的不对中故障；用支座上的一个螺栓松动(B1)和两个螺栓松动(B1 和 B2)来模拟转子不同程度的支座松动故障；用转子轴与接触螺栓的接触状态来模拟转子碰摩故障。

5.3.2　数据分析

基于转子振动故障模拟试验，在 0～3000r/min 转速范围内，采集每种故障的大量原始振动信号样本。一组振动信号是由不同转速下一个测点的 30 组振动波形所组成，因此在一个升速或降速试验中，每种振动故障模式有 120 组振动信号波形来反映转子振动故障的过程特征。其中，无故障和 4 种典型振动故障在 B 处的三维频谱图分别如图 5.5～图 5.9 所示。

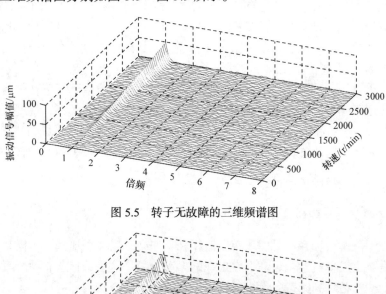

图 5.5　转子无故障的三维频谱图

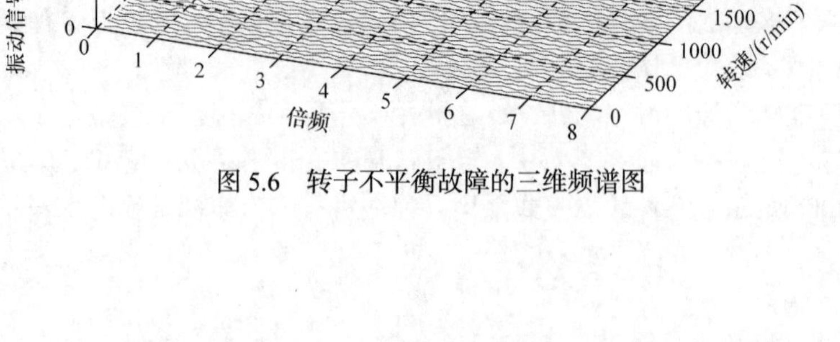

图 5.6　转子不平衡故障的三维频谱图

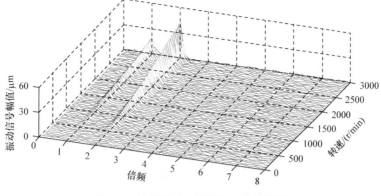

图 5.7　轴系不对中故障的三维频谱图

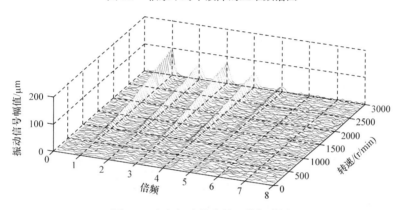

图 5.8　支座松动故障的三维频谱图

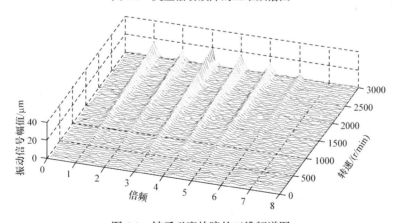

图 5.9　转子碰摩故障的三维频谱图

从图 5.5～图 5.9 可以看出,转子振动故障的主要特征分布在 1000～3000r/min 转速范围内。于是,选择这个范围的信号来研究基于功率谱熵和支持向量机的诊断方法。在一个测点和不同转速下，每组振动信号有 21 组振动波形。在一次升速或降速的过程中，由于有 4 个测点，每种故障模式有 84 组振动波形来反映该故障的过程特征。在不同转速下振动形态是不同的，实际上这些波形隐含着不同转速和时间下转子振动状态的丰富信息。虽然每个转速下的振动故障特征具有分散性和随机性，但转子振动过程中的振动故障特征是有规律的。信息熵矩阵融合不同转速、不同通道的信息熵值，能反映振动信号的过程规律。因此，信息熵矩阵能描述转子振动信号的变化规律。根据功率谱熵方法，可以得到振动信号波形的功率谱熵值。针对一种振动故障，基于得到的反映多通道、多转速下振动过程特征的功率谱熵值，就能建立功率谱熵矩阵，并将所有故障的功率谱熵矩阵作为支持向量机模型的故障诊断样本。

5.3.3　基于功率谱熵和支持向量机的转子振动故障诊断模型

1. 基于功率谱熵和支持向量机(PSE-SVM)的转子振动故障诊断思想

基于功率谱熵和支持向量机的转子振动故障诊断的基本思想如下。

(1) 基于转子振动故障模拟试验，采集 4 种典型转子振动故障的数据。

(2) 利用功率谱熵方法，提取振动故障数据的功率谱熵特征作为支持向量机模型的训练样本和测试样本。

(3) 基于这些样本，建立基于支持向量机的转子振动故障诊断模型，完成转子振动故障诊断，包括故障类型诊断、故障严重程度诊断、故障部位识别以及功率谱熵和支持向量机融合方法的抗干扰能力验证等。

基于功率谱熵和支持向量机的转子振动故障诊断的详细过程如图 5.10 所示。

2. 故障的功率谱熵特征提取和参数选取

由上面分析可知，每种故障模式的 4 组功率谱熵反映了转子升速或降速过程振动的变化，每个过程有 21 个信息熵值。每种故障模式的所有功率谱熵值可以构造相应的矩阵，即功率谱熵矩阵。该矩阵由功率谱熵值、转速和测点组成。4 种振动故障模式的功率谱熵矩阵三维图分别如图 5.11～图 5.14 所示。

显然，每个测点的功率谱熵值包含 21 个连续的熵值。这 21 个熵值可以排列成特征向量，即 $(E_1, E_2, \cdots, E_{21})$。将每种故障模式 21 个熵值所组成的向量作为支持向量机模型的诊断样本，诊断样本共有 160 个。用 MATLAB 软件和 Lib-SVM 工具箱建立支持向量机模型，其中核函数为高斯径向基核函数 $K(\boldsymbol{x}_i, \boldsymbol{x}) = \exp\left(\dfrac{-\|\boldsymbol{x} - \boldsymbol{x}_i\|^2}{\sigma^2}\right)$。利用随机搜索法，取 σ 为 0.07，C 为 136[15]。

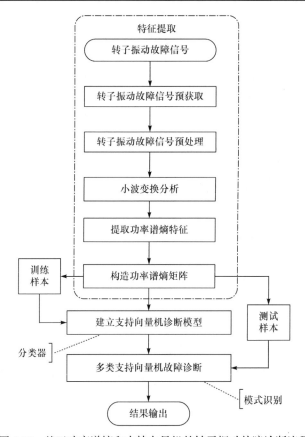

图 5.10　基于功率谱熵和支持向量机的转子振动故障诊断流程

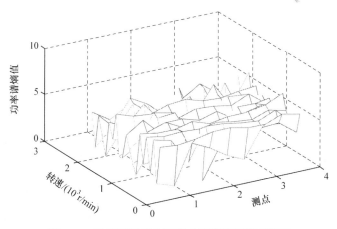

图 5.11　转子不平衡故障的功率谱熵矩阵三维图

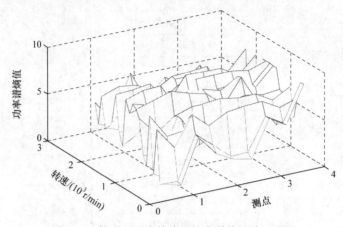

图 5.12　轴系不对中故障的功率谱熵矩阵三维图

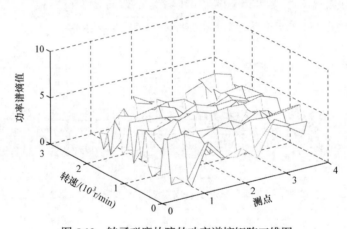

图 5.13　转子碰摩故障的功率谱熵矩阵三维图

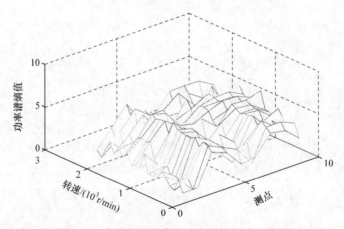

图 5.14　支座松动故障的功率谱熵矩阵三维图

5.3.4 实例分析

1. 转子故障类别诊断

每种故障模式选取 10 个故障样本作为支持向量机模型的训练样本，得到最优分类函数，建立支持向量机诊断模型，其中部分训练样本如表 5.8 所示。

表 5.8 每种故障的功率谱熵向量(部分)

故障模式	样本号	功率谱熵向量 $(E_1, E_2, \cdots, E_{21})$											所属类别
转子不平衡	1	4.315	4.373	4.466	4.991	4.864	4.443	5.258	5.244	5.131	5.101	4.576	1
		4.513	4.313	4.939	4.375	4.919	4.772	4.429	4.870	4.982	5.158		
	2	4.398	4.730	4.472	4.621	4.713	3.957	5.035	5.078	4.997	4.438	4.533	1
		3.731	4.770	4.539	3.988	4.802	4.325	4.553	5.260	4.080	3.659		
轴系不对中	1	5.042	4.966	4.890	4.553	5.140	5.145	5.107	5.031	5.401	5.431	5.484	2
		5.020	5.126	5.028	5.191	4.949	4.817	4.749	4.503	4.586	3.981		
	2	4.790	4.843	4.750	4.120	5.327	5.081	5.288	5.093	5.338	5.401	4.944	2
		5.305	5.488	5.174	5.245	4.980	4.939	4.631	4.398	3.945	5.217		
转子碰摩	1	5.292	4.867	4.993	5.185	5.344	5.081	5.267	5.463	5.227	5.469	5.199	3
		5.119	5.384	4.840	5.205	5.618	4.785	5.165	5.042	5.368	5.152		
	2	4.910	5.163	5.138	4.357	5.230	5.453	5.396	5.022	5.360	5.202	5.456	3
		5.523	5.570	5.399	4.720	3.790	5.061	5.217	5.053	5.346	5.137		
支座松动	1	3.578	5.260	4.777	4.871	4.786	5.275	5.071	5.272	5.414	5.142	4.903	4
		5.315	5.363	5.311	5.189	5.019	5.415	4.358	5.295	4.175	5.142		
	2	4.505	4.908	5.169	5.366	5.029	5.361	5.107	5.286	5.567	5.038	5.015	4
		5.316	5.233	5.339	5.337	5.502	5.332	5.290	5.121	5.529	5.270		

为了验证建立的支持向量机模型的学习能力和泛化能力，将 4 种故障模式的训练样本输入该诊断模型中。结果表明，训练样本能被完全正确分类，其正确率为 100%。用新建立的支持向量机模型对每种故障模式剩余的 30 个陌生测试样本进行分类，其结果如表 5.9 所示。结果表明，4 种故障模式的测试样本的平均正确率约为 96.67%，可见建立的支持向量机模型在转子振动故障诊断中具有较好的学习能力和泛化能力。

表 5.9　基于功率谱熵和支持向量机的转子振动故障类别的诊断结果

故障模式	测试样本数/个	正确识别数/个	正确率/%	平均正确率/%
转子不平衡	30	29	96.67	
轴系不对中	30	29	96.67	
支座松动	30	28	93.33	96.67
转子碰摩	30	30	100	

2. 转子振动故障严重程度诊断

为了验证基于功率谱熵和支持向量机的融合诊断方法在转子振动故障严重程度评估方面的有效性，选择支座松动作为研究对象。基于转子振动故障模拟试验台，模拟转子支座松动的两种失效模式(1 个支座松动(B1 松动)和 2 个支座松动(B1 和 B2 同时松动))，采集相应的故障数据。

同理，基于功率谱熵计算方法，提取所有故障数据的功率谱熵特征样本，并选取每种故障模式的 40 个样本，其中 10 个作为训练样本，30 个作为测试样本。用这些训练样本训练和测试支持向量机模型，结果表明正确率也是 100%，说明建立的支持向量机诊断模型在转子振动故障严重程度评估方面仍具有良好的学习能力。再用已建立的支持向量机诊断模型对每种故障剩余的 30 个测试样本进行评估，结果如表 5.10 所示。

表 5.10　基于功率谱熵和支持向量机的故障严重程度的诊断结果

故障严重程度	测试样本数/个	正确识别数/个	正确率/%	平均正确率/%
1 个支座松动	30	29	96.67	95
1 个支座松动	30	28	93.33	

结果表明，60 个样本中有 57 个样本被正确分类，平均正确率为 95%。这进一步显示了基于功率谱熵和支持向量机的融合诊断方法在转子振动故障严重程度诊断中具有较好的学习能力和泛化能力。

3. 转子振动故障位置判断

由于转子振动故障模拟试验台的不同测点在不同位置，选取传感器测点作为故障点来进行转子振动故障部位的诊断研究，4 个测点 A、B、C、D 如图 4.10 所示。用转子振动故障模拟试验台模拟各个测点处的故障数据，并利用功率谱熵计算方法提取各种故障的功率谱熵特征值。同理，每种故障选取 40 个故障样本，其中 10 个作为训练样本，30 个作为测试样本，分别建立支持向量机故障诊断模型，并测试 PSE-SVM 方法的有效性。

结果表明，基于 10 个训练样本的模型分类正确率仍然为 100%，基于 30 个测试样本的模型的平均正确率为 93.33%(表 5.11)。这进一步显示了基于功率谱熵和支持向量机的融合诊断方法在转子振动故障位置判断中的可行性和有效性。

表 5.11　转子振动故障位置的诊断结果

故障位置	测试样本数/个	正确识别数/个	正确率/%	平均正确率/%
A	30	28	93.33	
B	30	29	96.67	93.33
C	30	28	93.33	
D	30	27	90.00	

4. 抗干扰能力验证

利用故障类别、故障严重程度和故障位置 3 种诊断对象的判别与评估来验证功率谱熵和支持向量机融合方法在转子振动故障诊断中的抗干扰能力。对这 3 类故障样本叠加均值为 0、方差为 5 的高斯白噪声，并提取它们的功率谱熵特征值作为支持向量机故障诊断的新样本，诊断结果如表 5.12 所示。

表 5.12　功率谱熵和支持向量机融合方法的抗干扰能力验证结果

诊断对象	测试样本数/个	正确识别数/个	正确率/%	正确率降低量/百分点	平均正确率/%
故障类别	120	115	95.83	0.84	
故障严重程度	60	56	93.33	1.67	94.33
故障位置	120	112	93.33	0	

由表 5.12 可知，叠加高斯白噪声后，故障类别、故障严重程度和故障位置诊断的正确率分别为 95.83%、93.33% 和 93.33%。相比于叠加高斯白噪声前，正确率分别降低了 0.84、1.67 和 0 百分点，平均正确率为 94.33%。可见，提出的基于功率谱熵和支持向量机的融合诊断方法具有良好的故障容错能力和较强的抗感染能力与抗干扰能力。

5.4　本章小结

本章主要介绍了基于小波包特征谱熵和支持向量机的转子振动故障融合诊断技术、基于小波能谱熵和支持向量机的转子振动故障融合诊断技术、基于功率谱熵和支持向量机的转子振动故障融合定量诊断技术等。另外，结合转子振动故障模拟试验建立了3种诊断技术的故障诊断模型，实现了振动故障的融合诊断，并验证了3种振动故障诊断技术的可行性和有效性。为进一步提高航空发动机整机振动故障诊断精度，第6章将引入模糊理论，介绍基于信息熵、模糊理论和支持向量机的航空发动机整机振动故障融合诊断技术。

参 考 文 献

[1] 陈非, 黄树红, 张燕平, 等. 基于过程的旋转机械振动故障定量诊断方法[J]. 动力工程, 2008, 28(4): 543-547.

[2] Endo H, Randan R. Enhancement of autoregressive model based gear tooth fault detection technique by the use of minimum entropy deconvolution filter[J]. Mechanical Systems and Signal Process, 2007, 21(Z): 906-919.

[3] Yang W X, Hull J, Seymour M. Detecting the singularities in engineering signals[J]. Journal of Materials Processing Technology, 2006, 175(1-3): 439-445.

[4] Li H K, Zhou P L, Ma X J. Pattern recognition on diesel engine working condition by using a novel methodology—Hubert spectrum entropy[J]. Journal of Marine Engineering and Technology, 2005, (6): 43-48.

[5] Qu L S, Li L M, Lee J. Enhanced diagnostic certainty using information entropy theory[J]. Advanced Engineering Informatics, 2003, 17(3-4): 141-150.

[6] 桂中华, 韩凤琴. 小波包特征熵神经网络在尾水管故障诊断的应用[J]. 中国电机工程学报, 2005, 25(4): 99-102.

[7] 屈梁生, 张西宁, 沈玉娣. 机械故障诊断理论与方法[M]. 西安: 西安交通大学出版社, 2009.

[8] Zhang H L, Zhou J M, Li G. Improved wavelet analysis for induction motors mixed-fault diagnosis[J]. Frontiers of Electrical and Electronic Engineering in China, 2007, 2(3): 355-360.

[9] Lin J, Qu L S. Feature extraction based on morlet wavelet and its application for mechanical fault diagnosis[J]. Journal of Sound and Vibration, 2000, 234(1): 135-148.

[10] 曾庆虎, 刘冠军, 邱静. 基于小波相关特征尺度熵的预测特征信息提取方法研究[J]. 中国机械工程, 2008, 19(10): 1193-1196.

[11] Volponi A J, Brotherton T, Luppold R, et al. Development of an information fusion system for engine diagnostics and health management[R]. Washington D C: NASA, 2004.

[12] 白鹏, 张喜斌, 张斌, 等. 支持向量机理论及工程应用实例[M]. 西安: 西安电子科技大学出版社, 2008.

[13] 张亚楠, 魏武, 武林林. 基于小波 Shannon 熵 SVM 和遗传算法的电机机械故障诊断[J]. 电

力自动化设备, 2010, 30(1): 87-91.

[14] Li J T, Jia Y M. Huberized multiclass support vector machine for microarray classification[J]. Acta Automatica Sinica, 2010, 36(3): 399-405.

[15] 徐启华, 师军. 应用 SVM 的发动机故障诊断若干问题的研究[J]. 航空学报, 2005, 26(6): 686-690.

第6章 基于信息熵、模糊理论和支持向量机的航空发动机整机振动故障融合诊断

本章将信息熵理论、模糊理论与支持向量机融合在一起，介绍基于信息熵、模糊理论和支持向量机的航空发动机整机振动故障融合诊断技术。在基于模糊理论的故障诊断技术中，模糊隶属度的确定是核心内容。本章首先将模糊理论与信息熵相结合，利用信息熵值来描述和确定模糊隶属度，提出基于模糊信息熵的航空发动机整机振动故障融合诊断技术。然后，将模糊理论与支持向量机相融合，基于支持向量机对其模糊隶属度进行改进，提出基于模糊支持向量机的航空发动机整机振动故障融合诊断技术。接着，以模糊支持向量机中的模糊隶属度为研究对象，对传统模糊隶属度确定方法进行改进，提出球紧密度模糊隶属度的确定方法，并以航空发动机整机振动故障融合分析为例加以验证；另外，充分考虑模糊支持向量机中的距离模糊隶属度和紧密度模糊隶属度方法的优势，提出一种更有效的改进模糊隶属度的确定方法，并以航空发动机整机振动故障分析为例加以验证。最后，将小波相关特征尺度熵与模糊支持向量机相融合，实现基于信息熵、模糊理论和支持向量机的航空发动机整机振动故障融合诊断。本章介绍的研究成果对航空发动机整机振动性能分析、故障预测与诊断有直接的应用价值，同时也丰富和发展了基于信息融合的故障诊断技术的理论与方法。

6.1 基于模糊信息熵的航空发动机整机振动故障融合诊断

航空发动机整机振动故障产生的原因很多，其信号特征也非常复杂。整机振动故障的任一征兆都可能由一个或多个故障原因引起，而同一个故障原因又可能引起多种征兆，这就构成故障征兆与故障原因之间难以确定的复杂隶属关系[1]。如何及时、准确地查出故障原因，是目前航空发动机整机振动故障诊断和性能评估方面亟待解决的主要问题。以往的做法主要是靠定性分析来进行处理，这样往往会带有很大的主观性和盲目性。为了能在航空发动机发生振动故障时迅速查出故障原因并及时排除，必须使故障诊断工作科学化、合理化。信息熵是近几年发展起来的诊断方法，其计算过程简单，且客观性强，避免了人为因素的干扰和偏差[2]，但在故障诊断中很难确定具体故障概率；而模糊理论的隶属度可近似看作

故障概率，从而弥补了信息熵的不足。因此，将模糊理论与信息熵方法结合起来，可为航空发动机整机振动故障诊断提供一种新方法。

　　为了获得航空发动机整机振动故障征兆与故障原因之间难以确定的复杂隶属关系，进而提高故障诊断的准确率，这里提出基于模糊信息熵的航空发动机整机振动故障融合诊断方法。将模糊理论和信息熵方法引入航空发动机整机振动故障分析中，通过分析发动机典型故障，确定故障征兆和产生原因的隶属度，结合信息熵方法，将定量分析与专家经验、定性分析相结合，建立模糊信息熵融合诊断的数学模型；通过航空发动机整机振动故障诊断实例计算，验证该方法用于航空发动机整机振动故障诊断的有效性和可行性。

6.1.1　模糊信息熵融合诊断方法

1. 模糊理论诊断方法

　　模糊故障诊断是基于模糊理论中的隶属函数和模糊关系矩阵来描述故障征兆与故障原因之间的模糊关系，进而实现故障诊断[3]。其数学模型为：设一个系统可能产生的故障原因向量 $\boldsymbol{Y} = \{Y_1, Y_2, \cdots, Y_j, \cdots, Y_m\}$，其中 Y_j 为第 j 个故障原因，$j = 1, 2, \cdots, m$，m 为故障原因总数。故障征兆向量 $\boldsymbol{X} = \{X_1, X_2, \cdots, X_i, \cdots, X_n\}$，其中 X_i 为第 i 个故障征兆，$i = 1, 2, \cdots, n$，n 为故障征兆总数。由于故障征兆界限不明确，所以建立故障隶属度来表示各种征兆隶属于各种故障原因的程度。用 r_{ij} 表示故障征兆 X_i 隶属于故障原因 Y_j 的模糊隶属度，即 $r_{ij} = \mu Y_j(X_i)$，则可构造模糊隶属度矩阵(也称为模糊关系矩阵)，即

$$\boldsymbol{R} = \begin{bmatrix} r_{11} & \cdots & r_{1m} \\ \vdots & & \vdots \\ n_{n1} & \cdots & r_{nm} \end{bmatrix} \tag{6.1}$$

模糊隶属度 r_{ij} 的确定方法如下[4]。

(1) 由经验数据确定经验隶属度 v_{ij} 为

$$v_{ij} = \frac{\text{第 } i \text{ 个故障征兆隶属于第 } j \text{ 个故障原因的出现次数}}{\text{第 } i \text{ 个故障征兆出现的总次数}} \tag{6.2}$$

(2) 由专家按优序数法确定初始隶属度 s_{ij} 为

　　设某故障征兆 X_i 由 m 种可能的故障原因 $Y_1, Y_2, \cdots, Y_m$ 引起，将 m 种原因两两对比，把其中最容易引起该征兆的那一种记一次优先序。这样一个专家做出 $m(m-1)/2$ 次优先序比较，则 T 位专家共做 $Tm(m-1)/2$ 次优先序比较，设在 $Tm(m-1)/2$ 次比较中，故障原因 Y_j 的总优先序数为 t_j，记 $t_k = \max\{t_j \mid j = 1, 2, \cdots, m\}$，则取

$$s_{ij} = \frac{t_j}{t_k} \tag{6.3}$$

(3) 设专家经验权重为 ω_1 ，经验数据权重为 ω_2 ，其中 $\omega_1 \geqslant 0$ 、 $\omega_2 \geqslant 0$ ，则由

$$r_{ij} = \frac{\omega_1 s_{ij} + \omega_2 v_{ij}}{\sum_{k=1}^{m} \omega_1 s_{ik} + \omega_2 v_{ik}} \tag{6.4}$$

可确定模糊隶属度 r_{ij} ，从而构造模糊关系矩阵为

$$\boldsymbol{R} = (r_{ij})_{n \times m} \tag{6.5}$$

2. 信息熵诊断方法

从信息论角度，信息熵可定义为：假设 M 是一个由可测集合 Q 生成的 δ 代数，具有测度 $\mu(M)=1$ 的勒贝格空间，且空间 M 可表示为其有限划分 $A = \{A_i\}$ 中的不相容集合形式，即 $M = \bigcup\limits_{i=1}^{n} A_i$ ，且 $A_i \cap A_j = 0, \ \forall i \neq j$ ，则有限划分 A 的信息熵[5]为

$$H(A) = -\sum_{i=1}^{n} \mu(A_i) \ln \mu(A_i) \tag{6.6}$$

式中，$\mu(A_i)$ 为集合 A_i 的测度， $i = 1, 2, \cdots, n$ 。

对于一个系统，信息熵是表征诸多不确定因素的混乱程度，如果秩序混乱，随机性较大，则此系统的信息熵值较高；如果一个系统是确定的，且遵从一定规则、服从一定秩序，则此系统相应的信息熵值较小[6]。另外，信息熵是通过原始数据计算而来的，故对系统不确定程度测量的客观性较高[7]。对于航空发动机整机振动故障诊断，可以根据表征航空发动机各系统状态的信息熵大小及其工作状态来判断。对具体的一台航空发动机来说，它可以看成由相互联系、相互作用的多个子系统组成的一个复杂系统，每个子系统在无故障工作时以一定的秩序和规则处于某一稳定状态，使整台发动机保持工作稳定，相对应的每个子系统都对应一个信息熵值。若某个子系统信息熵值发生变化，则说明该系统的有序性和确定性发生变化，致使系统逐渐变为不稳定状态，甚至出现故障隐患或发生故障，故可以根据子系统的信息熵值的变化找出故障特征相对应的故障原因。

3. 模糊信息熵融合诊断方法

设 $\boldsymbol{X} = (X_1, X_2, \cdots, X_n)$ 为所给故障征兆向量, $\boldsymbol{Y} = (Y_1, Y_2, \cdots, Y_m)$ 为故障原因向

量，由模糊合成变换 $Y = X \cdot R = (Y_1, Y_2, \cdots, Y_m)$ 可得出诊断故障原因向量 $Y = (Y_1, Y_2, \cdots, Y_m)$。在具体诊断时，采用文献[3]提供的 5 种模糊变换模型，此 5 种模糊诊断模型在数据处理时所考虑的主次因素和计算方法不同，得到的模糊隶属度矩阵也有差异，因此诊断结果不尽一致。另外，由于单一诊断模型考虑因素的片面性，诊断的精度和可靠性往往均较低。为了克服单一诊断模型的不足，这里结合信息熵诊断方法，将这 5 种诊断模型进行融合改进，建立基于模糊信息熵的融合诊断模型，该模型在一定程度上可以避免单一模型的片面性。具体改进过程如下。

设第 k 种模型诊断的故障原因向量归一化为 $Y^k = (Y_1^k, Y_2^k, \cdots, Y_m^k)(k=1,2,\cdots,5)$，构造故障原因矩阵

$$C = \begin{bmatrix} Y_1^1 & \cdots & Y_m^1 \\ \vdots & & \vdots \\ Y_1^5 & \cdots & Y_m^5 \end{bmatrix} \tag{6.7}$$

由信息熵理论可知，经第 k 种诊断模型输出的信息熵[4]为

$$E_k = -(\ln m)^{-1} \sum m_j = -Y_j^k \ln Y_j^k \tag{6.8}$$

当 $Y_j^k = 0$ 时，规定 $Y_j^k \ln Y_j^k = 0$。

定义偏差度 $d_k = 1 - E_k$，从而得到第 k 种诊断模型的客观权重为

$$\mu_k = \frac{d^k}{\sum_{i=1}^{5} d_i} \tag{6.9}$$

综上所述，基于信息熵综合诊断模型的故障原因向量可表示为 $Y = (Y_1, Y_2, \cdots, Y_m)$，其中

$$Y_j = \sum_{k=1}^{5} \mu_k Y_j^k, \quad j = 1, 2, \cdots, m \tag{6.10}$$

设 $Y_t = \max \{Y_j \mid j = 1, 2, \cdots, m\}$，则由最大隶属度原则推断故障原因为 Y_t，即第 t 种故障原因。

6.1.2 航空发动机整机振动故障征兆和故障原因

本节采用的原始数据是来自某航空发动机生产维修单位的某型号航空发动机台架试验整机振动数据。通过对多种振动故障数据的分析和整理，选取足够多的航空发动机整机振动数据进行处理，找出故障征兆和故障原因。航空发动机是一个结构复杂、工作环境恶劣的机电系统，振动故障的原因和征兆有很多[8,9]。选取

能够反映航空发动机整机振动典型故障的常见故障监测参数进行分析，将这些参数看作故障征兆，具体如下。

X_1：推力下降；

X_2：发动机转速不均匀，发生摆动；

X_3：整机振动过大，发生共振；

X_4：喘振或自动停车。

故障征兆向量记作：$\boldsymbol{X} = (X_1, X_2, X_3, X_4)$。

产生这些故障征兆的故障原因也很多，比较典型的原因如下。

Y_1：转子不平衡；

Y_2：轴系不对中；

Y_3：滚动轴承发生故障；

Y_4：齿轮断裂、磨损、疲劳及变形；

Y_5：局部共振；

Y_6：发动机转子碰摩故障；

Y_7：轴承座松动或支座松动；

Y_8：油膜涡动和油膜振荡；

Y_9：密封和间隙动力失稳；

Y_{10}：发动机转子热弯曲故障。

故障原因向量记作：$\boldsymbol{Y} = (Y_1, Y_2, \cdots, Y_{10})$。

6.1.3　基于模糊信息熵的故障融合诊断流程

基于模糊信息熵的融合诊断方法能在一定程度上使航空发动机整机振动故障诊断迅速化、科学化和合理化，且可有效地找出故障征兆与故障原因的内在关系。根据前面的叙述，可以得到基于模糊信息熵的故障融合诊断方法的流程，如图 6.1 所示。

6.1.4　实例分析

1. 模糊隶属度计算和模糊诊断矩阵建立

采用模糊理论诊断时，如何保证隶属度的有效性和可靠性是故障诊断的关键。为了求取可靠的模糊隶属度和诊断矩阵，需要对航空发动机整机振动 4 种典型故障征兆的大量数据进行分析、整理和归纳，由式(6.2)对经验数据进行处理可得隶属度值，进而得到经验诊断矩阵为

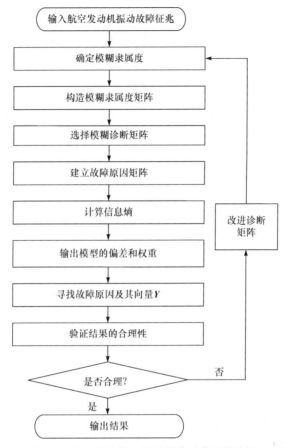

图 6.1　基于模糊信息熵的故障融合诊断流程

$$V = (v_{ij})_{4 \times 10} = \begin{bmatrix} 0.22 & 0.11 & 0.15 & 0.08 & 0.09 & 0.25 & 0.05 & 0.04 & 0.00 & 0.01 \\ 0.17 & 0.13 & 0.09 & 0.07 & 0.03 & 0.00 & 0.26 & 0.11 & 0.00 & 0.14 \\ 0.21 & 0.07 & 0.09 & 0.15 & 0.06 & 0.02 & 0.18 & 0.10 & 0.11 & 0.01 \\ 0.01 & 0.03 & 0.01 & 0.09 & 0.19 & 0.13 & 0.17 & 0.01 & 0.00 & 0.36 \end{bmatrix} \quad (6.11)$$

由式(6.3)进行专家择优可得初始诊断矩阵为

$$S = (s_{ij})_{4 \times 10} = \begin{bmatrix} 0.32 & 0.08 & 0.11 & 0.09 & 0.12 & 0.21 & 0.01 & 0.02 & 0.00 & 0.04 \\ 0.13 & 0.23 & 0.04 & 0.06 & 0.07 & 0.00 & 0.21 & 0.19 & 0.00 & 0.07 \\ 0.28 & 0.04 & 0.12 & 0.15 & 0.04 & 0.02 & 0.15 & 0.10 & 0.07 & 0.03 \\ 0.00 & 0.01 & 0.00 & 0.07 & 0.23 & 0.16 & 0.13 & 0.03 & 0.00 & 0.37 \end{bmatrix} \quad (6.12)$$

设专家经验权重 $\omega_1 = 0.6$，经验数据权重 $\omega_2 = 0.4$，由 $r_{ij} = 0.4v_{ij} + 0.6s_{ij}$ 可建立诊断矩阵为

$$R = (r_{ij})_{4 \times 10} = \begin{bmatrix} 0.28 & 0.09 & 0.13 & 0.08 & 0.11 & 0.22 & 0.03 & 0.03 & 0.00 & 0.03 \\ 0.15 & 0.19 & 0.06 & 0.06 & 0.05 & 0.00 & 0.23 & 0.16 & 0.00 & 0.10 \\ 0.25 & 0.05 & 0.11 & 0.15 & 0.05 & 0.02 & 0.16 & 0.10 & 0.09 & 0.02 \\ 0.00 & 0.02 & 0.00 & 0.08 & 0.21 & 0.15 & 0.15 & 0.02 & 0.00 & 0.37 \end{bmatrix} \tag{6.13}$$

2. 基于模糊信息熵的故障融合诊断及结果分析

这里选择文献[1]中的加权平均型诊断模型(该模型比较常用,它同时考虑了主次因素)来对上述数据进行分析与计算,以显现基于模糊信息熵的故障融合诊断方法的优势。由 $Y = X \cdot R$ 可知,输入故障征兆向量 X,可得到故障原因 Y,在征兆向量 X 输入时, X_i 只取 0 和 1,如果第 i 个征兆出现, X_i 取 1,否则, X_i 取 0;再由最大隶属度原则诊断出故障原因。为了分析诊断的正确率,将诊断的故障原因与实际的故障原因做比较,如表 6.1 所示。

表 6.1　单一模糊诊断模型的诊断结果

序号	故障征兆	故障原因	真实原因
1	X_2, X_3, X_4	Y_7	Y_7
2	X_1, X_2	Y_4	Y_4
3	X_1	Y_3	Y_3
4	X_1, X_2, X_3	Y_4	Y_1
5	X_1, X_3, X_4	Y_5	Y_5
6	X_1, X_4	Y_6	Y_6
7	X_1, X_2, X_3	Y_1	Y_1
8	X_2, X_3	Y_8	Y_8
9	X_3	Y_9	Y_9
10	X_2, X_4	Y_7	Y_{10}

由表 6.1 可以看出,诊断结果不太理想,有两个误判结果,诊断正确率仅为 80%,误判率为 20%。这说明,一方面单一振动故障诊断模型的精度和可靠性比较差,故障诊断模型存在严重的不足,有待进一步改进;另一方面模型中的隶属度有待进一步修正与完善,以进一步提高模型诊断的精度与可靠性。下面对故障诊断模型进行改进以进一步提高诊断的准确性。

针对模糊理论诊断方法中单一模型诊断的不足,现将模糊理论的 5 种故障诊断模型融合起来。结合信息熵故障诊断方法,根据上述基于模糊信息熵的融合故障诊断流程，进行航空发动机整机振动故障诊断。首先，由 $Y = X \cdot R$ 得出每种故障诊断模型的诊断结果，即航空发动机整机振动的故障征兆所对应的故障原因，得到每种故障诊断模型的故障原因向量。将 5 种模型的故障原因向量融合起来，通过归一化，可构造出融合诊断模型的故障原因矩阵 C 为

$$C = \begin{bmatrix} 0.9826 & 1.0000 & 0.8654 & 0.7935 & 0.4563 & 0.9735 & 0.8613 & 0.9523 & 0.8613 & 0.6945 \\ 1.0000 & 0.8538 & 0.9641 & 0.7658 & 0.2315 & 0.4986 & 0.2843 & 0.9128 & 0.9756 & 0.7654 \\ 0.9901 & 1.0000 & 0.9644 & 0.8659 & 0.3672 & 0.5864 & 0.5864 & 0.7891 & 0.9856 & 0.7541 \\ 0.9812 & 0.9743 & 1.0000 & 0.8655 & 0.6542 & 0.2857 & 0.6841 & 0.9712 & 0.6423 & 0.6523 \\ 1.0000 & 0.9843 & 0.9433 & 0.9475 & 0.6482 & 0.9135 & 0.1658 & 0.7631 & 0.5617 & 0.9871 \end{bmatrix}$$

$$(6.14)$$

然后，根据式(6.8)计算出每种故障诊断模型的输出信息熵，共 5 个信息熵值，分别记作 $M_1, M_2, \cdots, M_5$ 共 5 个故障诊断模型，如表 6.2 所示。

表 6.2　模糊诊断的故障原因信息熵

诊断模型	M_1	M_2	M_3	M_4	M_5
熵值	0.9793	0.9273	0.8954	0.7712	0.8364

根据式 $d_k = 1 - E_k$ 计算出偏差度，再根据式(6.6)和式(6.7)得出经信息熵融合诊断模型诊断的故障原因向量 $Y = (Y_1, Y_2, \cdots, Y_{10})$，最后根据最大隶属度原则推断出故障征兆所对应的故障原因，得出它们之间的关系，即诊断结果，如表 6.3 所示。

表 6.3　航空发动机整机振动故障融合诊断结果

序号	故障征兆	故障原因	真实原因
1	X_2, X_3, X_4	Y_7	Y_7
2	X_1, X_2	Y_4	Y_4
3	X_1	Y_3	Y_3
4	X_1, X_2, X_3	Y_4	Y_1
5	X_1, X_3, X_4	Y_5	Y_5
6	X_1, X_4	Y_6	Y_6
7	X_1, X_2, X_3	Y_1	Y_1
8	X_2, X_3	Y_8	Y_8
9	X_3	Y_9	Y_9
10	X_2, X_4	Y_{10}	Y_{10}

由表 6.3 可以看出，只有序号 4 诊断有误，其他都正确，误判率仅为 10%。可见，相对于单一振动故障模糊诊断模型，模糊信息熵融合诊断模型的精度和可靠

性有所提高，但该模型中的隶属度或诊断矩阵有待进一步修正完善，以提高模型诊断的可靠性。

综上可知，基于模糊信息熵的故障融合诊断模型(方法)可使定量分析与专家经验和定性分析相结合，成功地找出故障原因向量；其诊断结果在航空发动机整机振动故障数据的整理和诊断中具有一定的合理性和正确性，为航空发动机整机振动故障诊断提供了一种方法。但是，利用模糊数学方法得到的故障隶属度的精度还不够理想，可以考虑采用支持向量机等智能机器学习方法获得故障概率，进而提高信息熵分析的准确度。对于结构复杂、工作环境恶劣、型号众多的航空发动机，该方法的合理性和通用性尚需进一步探讨和研究。

6.2　基于改进模糊支持向量机的转子振动故障融合诊断

在众多的机械振动故障诊断方法[8,9]中，支持向量机理论能够成功地解决分类问题，在小训练样本的情况下可以实现较为准确的诊断，具有较好的泛化能力和容错能力，且能很好地克服维数灾难和过学习等传统算法难以解决的问题[10]。但支持向量机在构造最优分类面时所有的支持向量样本的作用是相同的，当训练样本中含有噪声或干扰时，含有不正常信息的样本在特征空间中常常位于分类面附近，所以构成模糊样本，严重影响最优分类超平面的确定，导致获得的分类面不是真正的最优分类面。模糊理论中的隶属度可以相应解决上述问题[11,12]，但是在航空发动机等大型旋转机械振动故障的小样本情况下，模糊隶属度很难准确地确定[2]。为了解决上述难题，大量学者开始研究模糊支持向量机(fuzzy support vector machine, FSVM)方法[13,14]，该方法融合了模糊理论和支持向量机的优点，将模糊隶属度确定方法引入支持向量机，不同的样本被赋予不同的惩罚因子，使得构造目标函数时不同的样本具有不同的贡献，通过给含有异常信息的样本赋予较小的权值，在一定程度上去除了异常信息样本的影响。

然而，如何设计模糊隶属度函数是整个模糊算法运用的关键所在，因为隶属度函数的选择能对算法的计算结果和难易程度产生很大的影响，故在隶属度函数选取时要求系统中样本存在的不确定性能被客观和准确地反映出来。很多构造隶属度函数的方法[15,16]是基于实际经验和具体问题来确定隶属度函数的。模糊支持向量机主要是基于样本到类中心之间的距离来确定其隶属度大小[17]，该方法不能有效地将含有噪声的异常样本与有效样本中区分开。

针对转子振动信息和故障的不确定性、模糊性和故障样本缺乏的突出问题，本节将模糊理论和支持向量机的优点融合起来，将模糊隶属度函数引入支持向量机中，对支持向量机中常用的隶属度确定方法进行改进，提出基于改进模糊支持向量机的诊断方法。该方法在确定隶属度函数时全面考虑了样本与类中心之间的关系和类中各个样本之间的关系,能有效地区分支持向量与含有噪声的异常样本。通过转子振动故障模拟试验和实例计算与分析,验证所提出的基于改进模糊支持向量机的诊断方法能否更有效、更准确地对转子振动故障进行诊断。

6.2.1　改进的模糊支持向量机隶属度函数

由支持向量机原理可知,支持向量位于类边缘,决定了最优分类面划分,而实际上含有野值或噪声的异常样本大多在类边缘附近,因此确定的样本隶属度不能有效地反映样本的不确定性,求出的分类面也不是真正的最优分类面,严重影响支持向量机的分类效果。基于线性距离和 Sigmoid 函数的两种常用隶属度确定方法有时无法区分有效样本与含有噪声和野值的异常样本[17],故无法有效地反映样本的不确定性。针对该问题,对隶属度方法进行改进,具体方法为:将样本的类中心作为球心构造出大、小两个同心球,小球的球半径是样本的类中心到最优超平面之间的距离,而大球的球半径为小球的球半径的 2 倍。把小球内的样本看作有效样本,赋予的隶属度较大;而大球外的样本认为是含有噪声或野值的异常样本,其隶属度为 0;在大、小两球之间的样本则赋予较小的隶属度。样本的有效性可以由其隶属度的具体值决定。因此,可以以任一类样本的类中心 x_0 为球心和类中心到最优分类面 H 的距离 R 为半径构造 H 的切球,记作球 A;再以 x_0 为球心和 $2R$ 为半径做大球,记作球 B,如图 6.2 所示。

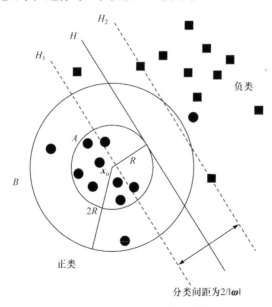

图 6.2　两球构造平面示意图

假设有样本集 $\{x_i, i = 1, 2, \cdots, m\}$ $(x_i \in \mathbf{R}^N)$, $g(x) = \omega \cdot x + b$ 为 N 维空间的线性

判别函数，训练后获得支持向量机的分类面为 $\boldsymbol{\omega} \cdot \boldsymbol{x} + b = 0$，根据决策函数 $f(\boldsymbol{x}) = \text{sgn}\{\boldsymbol{\omega} \cdot \boldsymbol{x} + b\}$ 计算得到样本集 $\{\boldsymbol{x}_i, i = 1, 2, \cdots, n\}$，其中 $n \leqslant m$。那么，两个球的球心为该集合的类中心，即

$$\boldsymbol{x}_{\mathrm{o}} = \frac{1}{n \sum_{i=1}^{n} \boldsymbol{x}_i} \tag{6.15}$$

由于 $\dfrac{g(\boldsymbol{x})}{\|\boldsymbol{\omega}\|}$ 表示任意点 $\boldsymbol{x}$ 到分类面的距离，故球 A 的半径为 $R = \dfrac{g(\boldsymbol{x})}{\|\boldsymbol{\omega}\|}$。

综上所述，可结合 Sigmoid 函数将模糊隶属度 $\mu(\boldsymbol{x}_i)$ 改进为

$$\mu(\boldsymbol{x}_i) = \begin{cases} 1 - \dfrac{d(\boldsymbol{x}_i^2)}{2R^2}, & d(\boldsymbol{x}_i) < R \\[2mm] \dfrac{d(\boldsymbol{x}_i) - 2R^2}{2R^2}, & R \leqslant d(\boldsymbol{x}_i) \leqslant 2R \\[2mm] 0, & d(\boldsymbol{x}_i) > 2R \end{cases} \tag{6.16}$$

式中，$d(\boldsymbol{x}_i) = \|\boldsymbol{x}_i - \boldsymbol{x}_{\mathrm{o}}\|$ 表示样本点 $\boldsymbol{x}_i$ 到两球的球心 $\boldsymbol{x}_{\mathrm{o}}$ 的距离。

由式(6.16)可知，位于球 A 内样本的隶属度值不小于 0.5，并且样本离球心越近，属于该样本集的隶属度越大；位于两球之间样本的隶属度最大值小于 0.5，并且样本离球心越远隶属度越小；分布在大球 B 外的样本，其隶属度都为 0。

6.2.2　改进的模糊支持向量机诊断方法

相对于传统支持向量机，模糊支持向量机所需要的数据样本，除了样本特征和样本类属标识外，还多了一项隶属度，共由 3 个参数值组成。下面讨论两类分类情况。

设训练样本集为 $((\boldsymbol{x}_1, y_1, \mu(\boldsymbol{x}_1)), \cdots, (\boldsymbol{x}_n, y_n, \mu(\boldsymbol{x}_n)))$，$\boldsymbol{x}_i$ 为样本特征，且 $\boldsymbol{x}_i \in \mathbf{R}^N$；$y_i$ 为类标识，且 $y_i \in \{-1, 1\}$，$\mu(\boldsymbol{x}_i)$ 为隶属度，且 $\mu(\boldsymbol{x}_i) \in (0, 1]$。那么，将训练样本从原始模式空间 $\mathbf{R}^N$ 映射到高维特征空间 $\boldsymbol{Z}$ 的映射关系为 φ，记作 $z = \varphi(\boldsymbol{x})$。

由模糊隶属度理论可知，$\mu(\boldsymbol{x}_i)$ 表示样本 $(\boldsymbol{x}_i, y_i, \mu(\boldsymbol{x}_i))$ 属于某类的可信度，ξ_i 是模糊支持向量机目标函数中的分类误差项，则 $\mu(\boldsymbol{x}_i)\xi_i$ 为带权的误差项，目标函数的最优解为最优分类面[17,18]，其中目标函数为

$$\Phi(\boldsymbol{\omega}, \boldsymbol{\xi}) = \frac{1}{2}\|\boldsymbol{\omega}\|^2 + C\left(\sum_{i=1}^{n} \mu(\boldsymbol{x}_i)\xi_i\right)$$

$$\text{s.t.}\quad y_i(\boldsymbol{\omega}^{\mathrm{T}} \cdot \boldsymbol{x}_i + b) - 1 + \xi_i \geqslant 0 \tag{6.17}$$

$$\xi_i \geqslant 0, \quad i = 1, 2, \cdots, n$$

式中，常数 C 为惩罚因子；$\boldsymbol{\omega}$ 为线性分类函数 y_i 的权系数。

由式(6.17)可以看出，$\mu(\boldsymbol{x}_i)$ 减小时，ξ_i 在式(6.17)中的影响也减小，会将相对应的 $\boldsymbol{x}_i$ 认为是不重要样本。而相应最优分类面的判别函数可以表示为

$$f(\boldsymbol{x}) = \operatorname{sgn}\left(\sum_{i=1}^{n} a_i y_i K(\boldsymbol{x}_i, \boldsymbol{x}) + b\right) \tag{6.18}$$

式中，$K(\boldsymbol{x}_i, \boldsymbol{x})$ 为模糊支持向量机算法中的核函数，用于将高维特征空间中难以实现的复杂内积运算转化为低维模式空间上易实现的简单函数计算。

在模糊支持向量机中，惩罚因子 C 被模糊化，便于不同样本选择不同惩罚因子；而 $\mu(\boldsymbol{x}_i)C$ 表示在训练支持向量机时样本 $\boldsymbol{x}_i$ 的重要程度，$\mu(\boldsymbol{x}_i)C$ 越大，则样本 $\boldsymbol{x}_i$ 的重要程度越大，对样本 $\boldsymbol{x}_i$ 错分的可能性就越小，最优分类面与各类样本间的距离越小。如果 $\boldsymbol{x}_i$ 为含有噪声或野值的异常样本，令 $\mu(\boldsymbol{x}_i)$ 很小，$\mu(\boldsymbol{x}_i)C$ 也会很小，致使该样本对支持向量机的训练所起到的作用大大减小，显著降低了含有噪声或野值的异常样本对训练支持向量机的影响。因此，这样的模糊支持向量机能够消除含有噪声或野值的异常样本对训练支持向量机的不利影响，同时保留正常支持向量机对最优分类面的决定作用。

6.2.3　改进的模糊支持向量机诊断方法的数学模型

转子振动故障是一种多类故障诊断问题，需要建立多类支持向量机分类器。对于多类分类问题，常用算法有一对多分类法、一对一分类法和二叉树分类法[19,20]。模糊支持向量机多类分类问题是在这些方法的基础上，构造隶属度函数以减少不可分区域，达到解决问题的目的。同理，将其推广到模糊支持向量机的第一种形式，便得到了基于一对多类的模糊支持向量机多分类算法。

在该算法中，对于一个 k 分类问题，有训练样本：

$$\left((\boldsymbol{x}_1, y_1, \mu(\boldsymbol{x}_1)), \cdots, (\boldsymbol{x}_n, y_n, \mu(\boldsymbol{x}_n))\right) \tag{6.19}$$

式中，$\boldsymbol{x}_i \in \mathbf{R}^N$；$y_i \in \{1, 2, \cdots, n\}$；$0 \leqslant \mu(\boldsymbol{x}_i) \leqslant 1$。

定义　对于 $\mathbf{R}^N$ 上的一类点 $\{\boldsymbol{x}_1, \boldsymbol{x}_2, \cdots, \boldsymbol{x}_n\}$，记 $\boldsymbol{x}_o$ 为类中心点，r 为类半径，即

$$\begin{cases} \boldsymbol{x}_o = \dfrac{1}{n \sum\limits_{i=1}^{n} \boldsymbol{x}_i} \\ r = \max \left\| \boldsymbol{x}_i - \boldsymbol{x}_o \right\| \end{cases} \tag{6.20}$$

结合一对多组合思想进行分类，即依次训练 k 个两类分类器，且每次训练过程都是引入模糊性的，即事先为每个样本 $\boldsymbol{x}_i$ 生成一个模糊隶属度 $\mu(\boldsymbol{x}_i)$。如果现

径记为 v；剩余样本看作一类，其中心点记为 $\boldsymbol{x}_-$，类半径记为 r_-。给定一个充分小的 δ 以避免 $\mu(\boldsymbol{x}_i)=0$，模糊隶属度 $\mu(\boldsymbol{x}_i)$ 可定义为

$$\mu(\boldsymbol{x}_i) = \begin{cases} 1 - \dfrac{\|\boldsymbol{x}_+ - \boldsymbol{x}_i\|}{r_+ + \delta}, & y_i = l \\ 1 - \dfrac{\|\boldsymbol{x}_- - \boldsymbol{x}_i\|}{r_- + \delta}, & y_i \neq l \end{cases} \tag{6.21}$$

注意，δ 的引入是为了避免 $\mu(\boldsymbol{x}_i)=0$。

　　接下来进行模糊支持向量机的训练，每次可得到一个两类分类器。当所有训练结束时，得到 k 个两类分类器：

$$f_i(\boldsymbol{x}) = \boldsymbol{\omega}_i \times \boldsymbol{x} + b_i = \sum_{i=1}^{k} a_i y_i K(\boldsymbol{x}_i, \boldsymbol{x}) + b \tag{6.22}$$

因此，新给的测试样本 $\boldsymbol{x}$ 能被诊断为

$$\text{class}(\boldsymbol{x}) = \text{argmax}\left\{f_1(\boldsymbol{x}), f_2(\boldsymbol{x}), \cdots, f_k(\boldsymbol{x})\right\} \tag{6.23}$$

依照上述步骤，可以对多类故障样本进行有效的分析与分类。

6.2.4　实例分析

1. 转子振动故障模拟试验与参数选择

　　利用转子振动故障模拟试验台对转子振动的 4 种典型故障(转子不平衡、轴系不对中、支座松动和转子碰摩)进行模拟试验，在转子转速为 3000r/min 时采集每种故障模式的振动数据作为故障样本，采样频率为 2kHz，每个数据样本长度为 512 个点。

　　在转子振动故障模拟试验获取的故障样本中提取能反映转子振动的 4 种典型故障的数据，每种故障模式选取 40 组数据样本，共 160 组数据，组成 4 个训练样本集。因此，在模糊支持向量机模型中，选择常用的高斯径向基核函数 $K(\boldsymbol{x}_i, \boldsymbol{x}) = \exp\left(-\dfrac{\|\boldsymbol{x} - \boldsymbol{x}_i\|^2}{2\delta}\right)$，参数 δ 取 4，利用搜索法得惩罚因子 C 的最佳值为 78。

2. 基于改进模糊支持向量机的故障诊断

　　在基于改进模糊支持向量机的转子振动故障诊断过程中，每种故障模式取 10 个样本作为训练样本，建立改进的模糊支持向量机诊断模型。首先将训练样本代入模型，其正确率为 100%，能够将其完全正确分类；然后将测试样本(每种故障 30 个样本)输入模糊支持向量机网络训练模型，再采用决策规则对该模型的输出进行判断，确定样本所属的类别。为检验基于改进模糊支持向量机的故障诊断方

法的有效性，基于相同的故障样本，再分别采用传统支持向量机(SVM)和基于Sigmoid 函数的模糊支持向量机(FSVM)方法进行故障诊断。3 种方法的故障诊断结果如表 6.4 所示。

表 6.4　基于 3 种支持向量机的 4 种典型转子振动故障诊断结果

故障模式	正确样本数/个		
	传统 SVM	基于 Sigmoid 函数的 FSVM	改进 FSVM
转子不平衡	25	28	30
轴系不对中	27	27	29
转子碰摩	29	29	28
支座松动	26	27	29
正确率/%	89.17	92.50	96.67

从表 6.4 可以看出，传统支持向量机诊断结果最差，正确率仅为 89.17%，这说明传统支持向量机方法的诊断效果不理想，不如基于模糊支持向量机的诊断方法有效；基于改进模糊支持向量机的故障诊断正确率(96.67%)比基于 Sigmoid 函数的模糊支持向量机诊断正确率(92.50%)明显提高，从而验证了基于改进模糊支持向量机的故障诊断方法的可行性和有效性。

3. 改进模糊支持向量机诊断模型抗噪声能力检验

为了检验改进模糊支持向量机诊断模型在噪声干扰条件下是否具有更强的诊断能力，给 4 种典型故障的 160 组输入数据叠加信噪比为 2 的高斯白噪声信号(幅值均值为 0，方差为 1)，作为上述 3 种诊断模型的测试样本，经诊断后得到的结果如表 6.5 所示，改进模糊支持向量机诊断模型的故障诊断正确率为 95%。可见，在白噪声干扰条件下，诊断系统仍能成功地对输入样本正确分类。这说明基于改进模糊支持向量机的故障诊断方法具有很强的抗干扰能力和容错能力。

表 6.5　白噪声干扰条件下的 3 种诊断模型诊断结果

诊断结果	传统 SVM	基于 Sigmoid 函数的 FSVM	改进 FSVM
正确率/%	86.67	90.83	95
正确率降低量/百分点	2.5	1.67	1.67

为了更好地体现改进模糊支持向量机诊断模型的容噪能力,进行以下仿真试验:对上述 3 种支持向量机模型融入幅值均值为 5、方差为 20 的噪声,其诊断结果如表 6.6 所示。从表中可以看出,改进模糊支持向量机诊断模型的抗噪声能力明显高于其他两种支持向量机模型,进一步说明基于改进模糊支持向量机的故障诊断方法可以有效地区分转子振动故障样本信号与噪声或野值信号,改善了诊断效果。

表 6.6　强噪声干扰条件下的诊断结果

诊断结果	传统 SVM	基于 Sigmoid 函数的 FSVM	改进 FSVM
正确率/%	82.25	88.33	93.33
正确率降低量/百分点	6.92	4.17	3.34

纵观表 6.4～表 6.6,一方面,相对于无噪声干扰情况下的转子振动故障诊断结果,无论是在高斯白噪声干扰下还是在幅值系数为 20 的强噪声干扰下,基于改进模糊支持向量机诊断方法的转子振动故障诊断正确率总比基于传统支持向量机和基于 Sigmoid 函数的模糊支持向量机诊断方法明显降低得少,特别是在强噪声干扰下,更能体现出改进模糊支持向量机诊断模型的强抗噪声能力、容错能力以及优秀的泛化能力。另一方面,在高斯白噪声特别是强噪声干扰下,基于 Sigmoid 函数的模糊支持向量机诊断模型的诊断效果虽然比传统支持向量机诊断模型诊断效果好,但还是不如改进模糊支持向量机诊断模型。

6.3　基于改进模糊支持向量机的航空发动机整机振动 故障融合诊断

模糊支持向量机方法是目前故障诊断研究的热点之一[13-17]。隶属度函数的设计是整个模糊支持向量机理论的关键,不同的隶属度函数会对算法的处理结果及算法实现的难易程度产生不同的影响[13,14],这就要求隶属度函数必须能客观、准确、有效地反映系统中样本存在的不确定性。目前,在模糊支持向量机方法中大多采用样本到类中心之间的距离来度量其隶属度大小,该方法不能很好地区分有效样本与含有噪声或野值的样本[15,17]。

针对上述存在的问题和航空发动机整机振动故障信息的特点,本节提出基于改进模糊支持向量机的航空发动机整机振动故障融合诊断方法[21,22]。该方法对模糊支持向量机中的传统隶属度确定函数进行改进,得到紧密度隶属函数的模糊隶属度确定方法，在确定模糊隶属度时不仅考虑样本与类中心之间的关系，还考虑类中各个样本之间的关系，能有效地将支持向量与含有噪声或野值的样本区分开。针对航空发动机整机振动故障诊断涉及多类故障的特点，引入模糊隶属度函数建立更有效的模糊支持向量机融合诊断数学模型，并将其应用到航空发动机整机振动故障诊断中。通过实例计算与分析检验该方法在航空发动机整机振动故障诊断中的有效性和精度，从而为航空发动机整机振动故障诊断提供一种新方法。

6.3.1　模糊支持向量机

前面提到与传统支持向量机相比，模糊支持向量机的样本除了特征与类属标识外，还增加了隶属度一项。下面对两类分类情况进行讨论。

设训练样本集为 $((\boldsymbol{x}_1,y_1,\mu(\boldsymbol{x}_1)),\cdots,(\boldsymbol{x}_n,y_n,\mu(\boldsymbol{x}_n)))$ 和核函数为 $K(\boldsymbol{x}_i,\boldsymbol{x})$ ，其中，$\boldsymbol{x}_i \in \mathbf{R}^N$ ，类属标识为 $y_i \in \{-1,1\}$ ，隶属度为 $0 < \mu(\boldsymbol{x}_i) \leqslant 1$ 。K 对应某特征空间 $\boldsymbol{Z}$ 的内积，即 $K(\boldsymbol{x}_i,\boldsymbol{x}) = \langle \varphi(\boldsymbol{x}_i),\varphi(\boldsymbol{x}) \rangle$ ，变换 $\varphi : \boldsymbol{X} \to \boldsymbol{Z}$ 为将训练样本从原始模式空间 $\mathbf{R}^N$ 映射到高维特征空间 $\boldsymbol{Z}$ 的映射关系，$\mu(\boldsymbol{x}_i)$ 为训练样本 $\boldsymbol{x}_i$ 属于 y_i 的隶属度。

由于隶属度 $\mu(\boldsymbol{x}_i)$ 表示该样本属于第 i 类的可靠程度，ξ_i 是模糊支持向量机目标函数中分类的误差项，$\mu(\boldsymbol{x}_i)\xi_i$ 为带权的误差项，由文献[23]可得到目标函数的最优解，即最优分类面。其目标函数可表示为

$$\Phi(\boldsymbol{\omega},\boldsymbol{\xi}) = \frac{1}{2}\|\boldsymbol{\omega}\|^2 + C\left(\sum_{i=1}^{n}\mu(\boldsymbol{x}_i)\xi_i\right) \tag{6.24}$$

$$\text{s.t.} \quad y_i(\boldsymbol{\omega}^{\mathrm{T}} \cdot \boldsymbol{x}_i + b) - 1 + \xi_i \geqslant 0$$
$$\xi_i \geqslant 0, \quad i = 1,2,\cdots,n \tag{6.25}$$

式中，$\boldsymbol{\omega}$ 为超平面的法向量；C 为惩罚因子；b 为超平面的偏置；ξ_i 也称为松弛变量。

由式(6.24)可知，$\mu(\boldsymbol{x}_i)$ 值变小，减小了 ξ_i 在式(6.23)中的影响，导致相应的 $\boldsymbol{x}_i$ 为不重要的样本。

相应最优分类面的判别函数式(也称分类器)为

$$f(\boldsymbol{x}) = \operatorname{sgn}\left(\sum_{i=1}^{n}a_i y_i K(\boldsymbol{x}_i,\boldsymbol{x}) + b\right) \tag{6.26}$$

式中，$K(\boldsymbol{x}_i,\boldsymbol{x})$ 为核函数，选择高斯径向基函数；a_i 的条件为

$$0 \leqslant a_i \leqslant \mu(\boldsymbol{x}_i)C, \quad i = 1,2,\cdots,n \tag{6.27}$$

在条件内，a_i 对应的样本 $\boldsymbol{x}_i$ 为支持向量。支持向量有两种类型：一种是满足 $0 \leqslant a_i \leqslant \mu(\boldsymbol{x}_i)C$ 条件的支持向量 $\boldsymbol{x}_i$ ，位于分类面附近；另一种是满足 $a_i = \mu(\boldsymbol{x}_i)C$

条件的支持向量 x_i，为错误分类样本。参数 C 是一个自定义的惩罚因子，为不同样本的隶属度赋予不同的 C 值，可以起到对不同样本的不同程度的惩罚作用[23]。

6.3.2　改进模糊隶属度的确定方法

1. 传统隶属度确定方法

在支持向量机方法中，最优分类面主要由支持向量(一般用 SV 表示)决定，支持向量位于类边缘，而含有野值或噪声的样本常常也位于类边缘附近，如含有野值或噪声样本的支持向量，如图 6.3 所示。有研究人员已经开展了利用距离和 Sigmoid 函数来解决以上问题的研究工作，确定出有效的隶属度函数[17,24]。由于这两种方法都是依据样本到类中心之间的距离确定样本的隶属度，对类中每个样本都要按照同一种方式进行考虑,对有效样本与含有异常信息样本的分离效果不好，故不能有效地反映样本的不确定性。

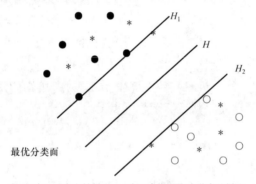

●，○ 表示两类有效样本；∗ 表示含有野值或噪声的样本

图 6.3　含有野值或噪声的样本示意图

针对以上问题，引入紧密度来改善隶属度函数。图 6.4 展示了两个不同类中样本之间紧密度的差别。在图 6.4 中，样本 x 到它们所在类中心之间的距离相等，若仅依据距离来确定隶属度，则两者的隶属度相同。然而，若考虑图 6.4(a)中样本 x 与类中其他样本之间的距离远小于图 6.4(b)中的距离这一情况，图 6.4(a)中样本 x 属于所在类的隶属度应大于图 6.4(b)中的隶属度。

2. 隶属度确定函数的改进

针对以上情况，尝试在确定样本的隶属度时，充分考虑样本到所在类中心之间的距离和样本与类中其他样本之间的关系。然而，样本与类中其他样本之间的关系可通过类中样本的紧密度来反映，每种类别对应一个球，于是可以得到训练支持向量机的 k 个球(a_m, R_m)，其中 a_m 是包围 m 类样本球的球心，R_m 为球的半径，称这种方法为球紧密度隶属度确定方法。

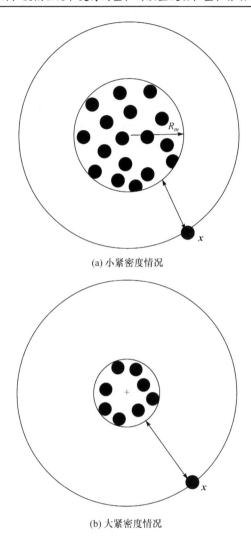

(a) 小紧密度情况

(b) 大紧密度情况

图 6.4　两个不同类中样本之间紧密度的差别示意图

由上述分析可知球紧密度模糊支持向量机的隶属度函数[25]定义如下：

$$\mu(\boldsymbol{x}_i) = \begin{cases} (1-\sigma)\left(\dfrac{\dfrac{1-d(\boldsymbol{x}_i)}{R_{yi}}}{\dfrac{1+d(\boldsymbol{x}_i)}{R_{yi}}}\right) + \sigma, & d(\boldsymbol{x}_i) \leqslant R_{yi} \\[2em] \sigma\left(\dfrac{1}{1+d(\boldsymbol{x}_i)-R_{yi}}\right), & d(\boldsymbol{x}_i) > R_{yi} \end{cases} \tag{6.28}$$

式中，$d(\boldsymbol{x}_i) = \left\| \varphi(\boldsymbol{x}_i - \boldsymbol{a}_{yi}) \right\|$，$\sigma \in (0,1)$。

这里利用交叉确认的方法获得 σ 的最优值，即对应模糊支持向量机分类精度最高时的 σ 值。

6.3.3　基于改进模糊支持向量机的航空发动机整机振动故障诊断方法

模糊支持向量机多分类问题是在多类方法的基础上构造隶属度函数的，以减少不可分区域。由 6.2.3 节所介绍的改进模糊支持向量机诊断方法的数学模型可知，基于一对多类的模糊支持向量机多分类算法[26]，对于航空发动机整机振动 k 类故障分类问题，其训练样本如下：

$$\left((\boldsymbol{x}_1, y_1, \mu(\boldsymbol{x}_1)), \cdots, (\boldsymbol{x}_n, y_n, \mu(\boldsymbol{x}_n))\right) \tag{6.29}$$

式中，$\boldsymbol{x}_i \in \mathbf{R}^N$；$y_i \in \{1, 2, \cdots, k\}$；$0 < \mu(\boldsymbol{x}_i) \leqslant 1$。

假设 $\boldsymbol{x}_{\mathrm{o}}$ 为 $\mathbf{R}^N$ 上的一类点 $\{\boldsymbol{x}_1, \boldsymbol{x}_2, \cdots, \boldsymbol{x}_n\}$ 的类中心点，r 为类半径，即

$$\begin{cases} \boldsymbol{x}_{\mathrm{o}} = \dfrac{1}{n \sum\limits_{i=1}^{n} \boldsymbol{x}_i} \\[4mm] r = \max \|\boldsymbol{x}_i - \boldsymbol{x}_{\mathrm{o}}\| \end{cases} \tag{6.30}$$

根据一对多组合思想进行分类，即依次对航空发动机整机振动多类故障样本训练 k 个两类分类器，且每次训练过程都引入模糊性(即事先为每个样本 $\boldsymbol{x}_i$ 生成一个模糊隶属度 $\mu(\boldsymbol{x}_i)$)。为了使第 l 类与剩余样本分开，根据式(6.30)，能够得到第 l 类的中心点(记为 $\boldsymbol{x}_+$)和类半径（记为 r_+）；将剩余样本看作另一类，同理可得其中心点（记为 $\boldsymbol{x}_-$）和类半径（记为 r_-）。为了避免 $\mu(\boldsymbol{x}_i)=0$，这里引入一个充分小的 δ。因此，模糊隶属度 $\mu(\boldsymbol{x}_i)$ 可表达为

$$\mu(\boldsymbol{x}_i) = \begin{cases} \dfrac{1 - \|\boldsymbol{x}_+ - \boldsymbol{x}_i\|}{r_+ + \delta}, & y_i = l \\[4mm] \dfrac{1 - \|\boldsymbol{x}_- - \boldsymbol{x}_i\|}{r_- + \delta}, & y_i \neq l \end{cases} \tag{6.31}$$

接下来进行模糊支持向量机的训练，每次可得一个两类分类器。当所有训练结束时，根据式(6.26)可以得到 k 个两类最优分类器：

$$f_j(\boldsymbol{x}) = \boldsymbol{\omega}_j \cdot \boldsymbol{x} + b_j = \sum_{i=1}^{n} a_{ij} y_{ij} K(\boldsymbol{x}_{ij}, \boldsymbol{x}_j) + b \tag{6.32}$$

于是，新给的测试样本 $\boldsymbol{x}$ 能被诊断为

$$\mathrm{class}(\boldsymbol{x}) = \mathrm{argmax}\{f_1(\boldsymbol{x}), f_2(\boldsymbol{x}), \cdots, f_k(\boldsymbol{x})\} \tag{6.33}$$

依照上述步骤，航空发动机整机振动多类故障样本可以被有效地进行分析和分类。下面基于改进模糊支持向量机实现航空发动机整机振动多类故障诊断分析。

6.3.4　实例分析

1. 参数选择

本节的航空发动机整机振动数据来自某航空发动机研究单位台架试验数据库中 5 个典型截面的 9 个垂直方向和水平方向的振动数据，5 个典型截面划分[22]如表 2.3 和图 2.1 所示。

这些振动数据包括支座松动、转子碰摩、轴系不对中和转子不平衡 4 种典型故障的大量数据。对数据进行整理和分析之后，每个测点选取 4 种典型故障的 40 组数据，共 360 组数据，有 9 个训练样本集。将此数据经过预处理后形成高维空间向量，利用信息增益的方法进行特征降维，向量中的每个权重根据极值原理求得。在模糊支持向量机模型中，选择高斯径向基核函数 $K(\boldsymbol{x}_i, \boldsymbol{x}) = \exp\left(-\dfrac{\|\boldsymbol{x} - \boldsymbol{x}_i\|^2}{2\delta}\right)$，

参数 δ 取 4，惩罚因子 C 取 361。利用交叉确认的方式找出 σ 的最优值为 0.8，此时对应模糊支持向量机的最高诊断正确率为 94.81%。图 6.5 给出了不同的 σ 值对紧密度模糊支持向量机的故障诊断精度的影响。

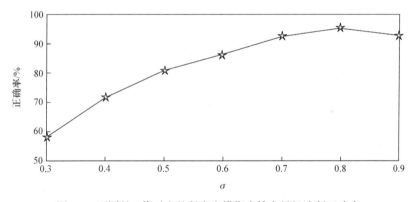

图 6.5　不同的 σ 值对应的紧密度模糊支持向量机诊断正确率

2. 基于模糊支持向量机的故障分析

在基于模糊支持向量机的航空发动机整机振动故障分析过程中，首先用 9 个测点的 90 组(即每个测点选取 10 组，包括 4 种典型振动故障的数据)训练样本建立模糊支持向量机故障诊断模型，然后将每个测点剩余的 30 组测试样本输入所建立的模糊支持向量机模型并获得它们的输出值，最后采用决策规则对该模型的输出值进行判断，确定输入的测试样本所属的类别。为检验基于紧密度模糊支持向量机的故障诊断方法的有效性，基于相同的测试样本，分别采用反向传播(BP)神经网络、传统支持向量机(SVM)、类中心距模糊支持向量机进行故障诊

断，并和基于紧密度模糊支持向量机的故障诊断方法进行比较，其结果如表 6.7
所示。

表 6.7　航空发动机整机振动故障诊断结果及比较

测点	样本数/个	诊断正确数/个			
		BP 神经网络	传统 SVM	类中心距 FSVM	紧密度 FSVM
1	30	23	27	28	29
2	30	24	26	25	27
3	30	23	23	27	26
4	30	23	23	22	28
5	30	26	23	26	27
6	30	24	25	28	30
7	30	27	24	27	24
8	30	26	28	26	28
9	30	25	29	28	25
样本总数/个	270	221	232	236	244
诊断正确率/%		81.85	85.93	87.41	90.37

从表 6.7 可以看出，BP 神经网络诊断方法的结果最差，正确率仅为 81.85%，
这说明在小样本情况下，BP 神经网络诊断方法不如支持向量机诊断方法有效。其
他三种诊断方法相比较，紧密度模糊支持向量机方法的故障诊断正确率(90.37%)
比传统支持向量机方法的故障诊断正确率(85.93%)和基于类中心距的支持向量机
方法的诊断正确率(87.41%)明显提高，验证了基于紧密度模糊支持向量机的故障
诊断方法的可行性和有效性。

3. 紧密度模糊支持向量机故障诊断系统抗噪声能力检验

为了检验紧密度模糊支持向量机诊断系统在有噪声干扰条件下的诊断能力，
给输入数据叠加信噪比为 2 的高斯白噪声信号，经诊断后得到分类正确率为
88.33%；为了体现紧密度模糊支持向量机诊断模型的抗噪声能力，基于同样的诊
断样本并叠加相同的噪声，分别利用支持向量机和类中心距模糊支持向量机进行
故障诊断，其结果如表 6.8 所示。

表 6.8　有噪声干扰条件下的诊断结果

测点	样本数/个	传统 SVM			类中心距 FSVM			紧密度 FSVM		
		诊断正确数/个	总样本个数/正确样本总个数	正确率/%	诊断正确数/个	总样本个数/正确样本总个数	正确率/%	诊断正确数/个	总样本个数/正确样本总个数	正确率/%
1	40	35			35			37		
2	40	34			31			35		
3	40	35			34			36		
4	40	37			37			33		
5	40	31	360/299	83.06	33	360/309	85.83	39	360/318	88.33
6	40	28			32			34		
7	40	30			36			38		
8	40	36			33			34		
9	40	33			38			32		

由表 6.8 可知，在强噪声干扰情况下，紧密度模糊支持向量机方法的诊断正确率能达到 88.33%，而传统支持向量机和类中心距模糊支持向量机方法的诊断正确率分别为 83.06% 和 85.83%。紧密度模糊支持向量机方法的诊断正确率虽然没有无噪声干扰情况下的诊断精确度高，但仍然明显优于支持向量机和类中心距模糊支持向量机方法的诊断精确度。可见，在强噪声干扰情况下基于紧密度模糊支持向量机的诊断系统仍能对输入样本进行很好的分类，具有很强的抗干扰能力和容错能力。

综上可知，基于紧密度函数的隶属度确定方法在航空发动机整机振动故障诊断中，无论在无噪声干扰情况下还是在有强噪声干扰情况下，故障诊断正确率都比基于 BP 神经网络方法、支持向量机方法和类中心距模糊支持向量机方法的正确率高，显示了其强大的分类性能和抗噪性能力。

6.4　基于模糊支持向量机和改进隶属度的航空发动机整机振动故障融合诊断

准确掌握航空发动机的振动状态和振动特征，进而监控振动的可靠情况，有利于提高发动机安全性、可靠性以及延长其使用寿命，对增强飞机适航性、降低飞机的维修费用和减少飞机飞行事故等方面也具有重要意义。

因此，如何及时、准确地分析故障产生原因对故障模式的影响程度是目前航空发动机故障诊断和性能评估方面亟待解决的主要问题之一。以往的做法主要是靠定性分析来处理，这样往往带有很大的主观性和盲目性。然而，信息熵是近几年发展起来的定量诊断方法，它的计算过程简单，且客观性强，避免了人为因素的干扰造成偏差[2]。但是，信息熵不能合理地直接用于确定航空发动机性能评估的具体故障概率[12]。然而，模糊理论的隶属度可近似看作故障概率，能在一定程度上弥补信息熵的不足，但故障隶属度精度仍然不够理想。而支持向量机在隶属度确定方面有独特的优势[13-17,27]，能够大大改善精确度的问题。

因此，为了更有效地掌握航空发动机振动性能的影响因素，尝试为航空发动机整机振动故障诊断提出一种基于模糊支持向量机改进隶属度的融合定量分析方法。首先，对模糊支持向量机的模糊隶属度函数进行改进，建立多类模糊隶属度计算模型。然后，将该方法应用到航空发动机整机振动性能评估，计算出振动故障征兆与故障原因之间的权值，建立一个多参数的航空发动机振动性能分析模型，并就各类振动原因对发动机整体性能的影响进行定量分析，为发动机的振动抑制提供量化参考指标。最后，通过与实际经验比较，验证该方法是可行和有效的。

6.4.1　模糊支持向量机的隶属度确定

在采用模糊技术处理问题时，隶属度函数的设计是整个模糊算法的关键，因为隶属度函数被要求能客观、准确地反映系统中样本存在的不确定性。目前，隶属度函数的构造还没有一个可遵循的一般性准则。在对实际情况进行处理时，通常需要根据经验针对具体问题来确定合理的隶属度函数。因此，本节针对航空发动机整机振动故障情况，在对传统模糊支持向量机隶属度函数进行改进的基础上，建立一种更有效的隶属度函数。

1. 传统模糊支持向量机隶属度确定方法

目前，模糊支持向量机方法主要采用样本到类中心的距离或 Sigmoid 函数来度量其隶属度大小[14]，其思路为：假设两类振动数据样本集为

$$T = \{(\boldsymbol{x}_1, y_1, s_1), (\boldsymbol{x}_2, y_2, s_2), \cdots, (\boldsymbol{x}_n, y_n, s_n)\}$$
$$\text{s.t.}\quad \boldsymbol{x}_i \in \mathbf{R}^N, \quad y_i \in \{-1, 1\}, \quad i = 1, 2, \cdots, n \tag{6.34}$$

式中，$\boldsymbol{x}_i$ 为样本向量；y_i 为类别；s_i 为模糊隶属度，且 $\sigma \leqslant s_i \leqslant 1$，其中 σ 是一个任意小的正数，保证 s_i 不为零；$\mathbf{R}^N$ 为 N 维的高斯特征空间；n 为样本个数。

定义 $\boldsymbol{o}_p$、$\boldsymbol{o}_n$ 分别为类别 G_p 和类别 G_n 的中心，样本点离所在类中心的最大距离分别为

$$d_p = \max \|\boldsymbol{o}_p - \boldsymbol{x}_i\|, \quad \boldsymbol{x}_i \in G_p$$
$$d_n = \max \|\boldsymbol{o}_n - \boldsymbol{x}_i\|, \quad \boldsymbol{x}_i \in G_n \tag{6.35}$$

则距离模糊隶属度为

$$s_i = \begin{cases} 1 - \dfrac{\|\boldsymbol{o}_p - \boldsymbol{x}_i\|}{d_p - \delta}, & \boldsymbol{x}_i \in G_p \\[3mm] 1 - \dfrac{\|\boldsymbol{o}_n - \boldsymbol{x}_i\|}{d_n - \delta}, & \boldsymbol{x}_i \in G_n \end{cases} \tag{6.36}$$

式中，δ 是任意小的正数。

　　构造模糊支持向量机的最优分类面是由靠近类边缘的支持向量决定的，故这种方法不能很好地将含有噪声或异常的样本从有效样本中区分出来。如图 6.6 所示，x 点到类中心的距离相等，根据式(6.34)可得该点的两类隶属度是相同的。但是从各样本的排列紧密程度考虑，图 6.6(a)中的 x 点可能是支持向量，而图 6.6(b)中的 x 点更可能为异常样本。因此，仅用点到类中心的距离来确定隶属度是不够全面的，易影响模糊支持向量机算法的分类精度，需要对该隶属度作进一步改进。

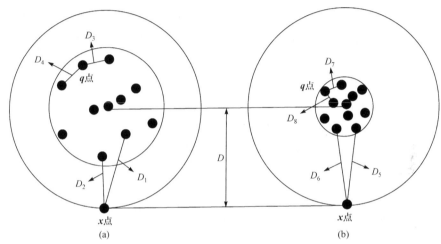

$D_1 \sim D_8$ 表示相邻两个点的距离；D 表示 x 到类中心的距离

图 6.6　紧密度样本的分布示意图

2. 改进模糊支持向量机隶属度确定方法

　　针对以上问题，结合 k 近邻法思想[27]，考虑样本之间的紧密程度，改进传统隶属度函数。于是，基于式(6.34)中的振动样本，定义数据点到点之间的距离 d_{ij} 为

$$d_{ij} = \left\| \boldsymbol{x}_i - \boldsymbol{x}_j \right\|, \quad i,j \in n, i \neq j$$
$$\text{s.t.} \quad d_{i1} \leqslant d_{i2} \leqslant \cdots \leqslant d_{i(n-2)} \leqslant d_{i(n-1)} \tag{6.37}$$

则紧密度模糊隶属度为

$$\begin{cases} b_i = \dfrac{1}{\sum\limits_{j=1}^{n-1} d_{ij}} \\ B = \max(b_1, b_2, \cdots, b_n) \\ \mu_i = \dfrac{b_i}{B} \end{cases} \tag{6.38}$$

式中，n 为 $\boldsymbol{x}_i$ 附近的点数。

　　由式(6.37)和式(6.38)可知，模糊隶属度 μ_i 是由样本与样本之间的关系确定的，考虑了样本的紧密度。

因此，可以得出模糊支持向量机的改进模糊隶属度为

$$r_i = s_i \cdot \mu_i \tag{6.39}$$

由式(6.39)可以看出，改进的隶属度为式(6.36)和式(6.38)两个隶属度的点积，既考虑了样本与所在类中心的关系，又考虑了类中样本与样本之间的关系，这样有利于改善隶属度确定的合理性。于是，利用改进隶属度对航空发动机整机振动性能进行评估。

6.4.2　基于模糊支持向量机和改进隶属度的故障诊断方法

1. 模糊支持向量机多类隶属度确定方法

模糊支持向量机性能分析方法是利用模糊支持向量机理论中的隶属度确定函数和模糊关系矩阵来描述故障征兆与故障原因之间的模糊关系，进而建立隶属度矩阵[2,4]。然而，航空发动机振动故障征兆与故障原因之间的关系是很复杂的，涉及多个故障征兆、多个故障原因，需要提出多类隶属度确定方法。

假设航空发动机可能产生振动的故障原因向量 $Y = \{Y_1, Y_2, \cdots, Y_l\}$，其中 l 为故障原因总数。由 l 个故障原因引起的振动的故障征兆向量 $X = \{X_1, X_2, \cdots, X_m\}$，其中 m 为故障征兆类别总数。于是，假设第 $i(i=1, 2, \cdots, l)$ 种故障原因导致第 $j(j=1, 2, \cdots, m)$ 种故障征兆的样本集 $T^{(ij)}$ 为

$$T^{(ij)} = \left\{ \left(\boldsymbol{x}_1^{(ij)}, y_1^{(ij)}, s_1^{(ij)} \right), \left(\boldsymbol{x}_2^{(ij)}, y_2^{(ij)}, s_2^{(ij)} \right), \cdots, \left(\boldsymbol{x}_n^{(ij)}, y_n^{(ij)}, s_n^{(ij)} \right) \right\} \tag{6.40}$$

$$\text{s.t.} \quad \boldsymbol{x}_k^{(ij)} \in \mathbf{R}^N, \quad y_k^{(ij)} \in \boldsymbol{X}, \quad k=1,2,\cdots,n$$

式中，$\boldsymbol{x}_k^{(ij)}$ 为样本；$y_k^{(ij)}$ 为类别；$s_k^{(ij)}$ 为模糊隶属度；$\mathbf{R}^N$ 为 N 维的高斯特征空间；n 为样本个数。

由式(6.35)和式(6.36)可得到第 k 个样本距离的模糊隶属度 $s_k^{(ij)}$，即

$$s_k^{(ij)} = 1 - \frac{\left\| \boldsymbol{x}_o^{(ij)} - \boldsymbol{x}_k^{(ij)} \right\|}{d^{(ij)} - \delta}, \quad k = 1,2,\cdots,n \tag{6.41}$$

式中，$d^{(ij)}$ 为样本到类中心的最大距离；$\boldsymbol{x}_o^{(ij)}$ 为类中心。

由式(6.37)和式(6.38)可得到第 k 个样本的紧密度模糊隶属度 $\mu_k^{(ij)}$，即

$$\mu_k^{(ij)} = \frac{b_k^{(ij)}}{B^{(ij)}} \tag{6.42}$$

用 $r_k^{(ij)}$ 表示第 k 个样本的改进模糊隶属度，则有

$$r_k^{(ij)} = s_k^{(ij)} \cdot \mu_k^{(ij)} \tag{6.43}$$

可以按照以上改进模糊隶属度的计算思想计算出 n 个样本的改进模糊隶属度。

将 n 个样本的改进模糊隶属度相加，可得到故障征兆 X_j 隶属于故障原因 Y_i 的模糊隶属度 $r^{(ij)}$，即

$$r^{(ij)} = \sum_{k=1}^{n} r_k^{(ij)} \tag{6.44}$$

按照以上计算方法，可以计算出所有故障征兆隶属于所有故障原因的模糊隶属度 $\left\{ r_k^{(ij)} \right\}$，进而利用这些隶属度构造出模糊关系矩阵：

$$\boldsymbol{R} = \left[r^{(ij)} \right]_{m \times l} = \begin{bmatrix} r^{(11)} & r^{(12)} & \cdots & r^{(1l)} \\ r^{(21)} & r^{(22)} & \cdots & r^{(2l)} \\ \vdots & \vdots & & \vdots \\ r^{(m1)} & r^{(m2)} & \cdots & r^{(ml)} \end{bmatrix} \tag{6.45}$$

2. 信息熵诊断方法

假设 M 是一个由可测集 H 生成的 δ 代数，具有 μ 测度、$\mu(M)=1$ 的勒贝格空间，且空间 M 可表示其有限划分 $A = \{A_i\}$ 中的不相容集合形式，即 $M = \overset{n}{\underset{i=1}{\cup}} A_i$，且 $A_i \cap A_j = 0$，$\forall i \neq j$，则有限划分 A 的信息熵[27]为

$$H(\boldsymbol{A}) = -\sum_{i=1}^{n} \mu(A_i) \ln \mu(A_i) \tag{6.46}$$

式中，$\mu(A_i)$ 为集合 A_i 的测度。

对于一个系统,信息熵是表征系统诸多不确定因素的混乱程度,系统越混乱,随机性越大,那么信息熵值越高;反之亦然。另外，信息熵是对系统不确定程度进行定量的测量[28,6]。故障原因的信息熵值表示故障原因对故障征兆的影响程度,故障征兆的信息熵值表示故障征兆对航空发动机整机振动性能的影响程度。因此，可根据信息熵值来分析航空发动机整机振动性能。

6.4.3　改进隶属度验证

在对航空发动机整机振动性能进行分析之前，需要验证提出的隶属度确定方法的有效性。隶属度的有效性通常是通过它的模糊支持向量机分类效果来体现的。于是，通过计算机随机产生两个类别(分别用 x_1 和 x_2 表示)的二维空间 500 个样本点，假设这些样本点分布在[−5, 5]。首先选取 200 个样本作为训练样本，对模糊支持向量机进行训练，建立模糊支持向量机模型；然后，用 300 个样本点(含 5 个异常样本)作为测试样本(图 6.7)，对该模型进行测试。为了体现改进隶属度的优越性，基于相同的训练样本和测试样本，分别与支持向量机、距离隶属度模糊支持向量机的分类结果进行比较，其分类效果如图 6.8 所示，分类结果如表 6.9 所示。

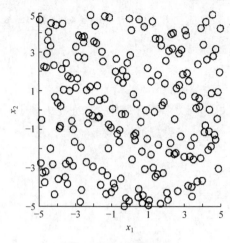

图 6.7　测试样本分布

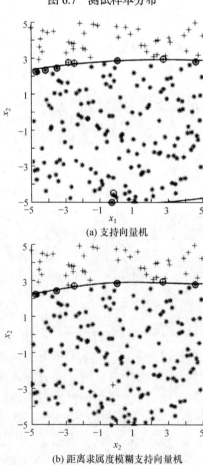

(a) 支持向量机

(b) 距离隶属度模糊支持向量机

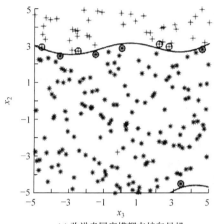

(c) 改进隶属度模糊支持向量机

+ 表示0类，＊表示1类，○表示支持向量

图 6.8　三种方法的分类效果

表 6.9　支持向量机和模糊支持向量机的分类结果

分类结果	传统 SVM	距离隶属度 FSVM	改进隶属度 FSVM
测试数/个	300	300	300
正确数/个	267	281	295
正确率/%	89	93.67	98.33

由图 6.8 和表 6.9 可知，提出的改进隶属度模糊支持向量机分类的正确率达98.33%，其精确度分别比传统支持向量机和距离隶属度模糊支持向量机提高了9.33和4.66百分点。由此可见，提出的隶属度函数在隶属度确定方面具有良好的效果。

6.4.4　实例分析

1. 参数选取与隶属度确定

针对航空发动机整机振动问题，选取 4 种典型故障模式[1,29]作为故障征兆进行研究，即

X_1：转子不平衡；

X_2：轴系不对中；

X_3：转子碰摩；

X_4：支座松动。

故障征兆向量记作：$\boldsymbol{X} = (X_1, X_2, X_3, X_4)$。

选取 10 种典型原因作为故障原因，即

Y_1：几何尺寸不同心或中心线偏离；

Y_2：制造、安装误差；

Y_3：材质或受热不均匀；

Y_4：转子结构初始弯曲；

Y_5：转子在使用过程中被腐蚀磨损；

Y_6：转子零部件松动、脱落；

Y_7：转子与轴承存在间隙；

Y_8：承载后转子与轴承变形；

Y_9：非旋转部件弯曲变形；

Y_{10}：固紧基座或轴承约束松弛。

故障原因向量记作：$\boldsymbol{Y} = (Y_1, Y_2, \cdots, Y_{10})$。

在模糊支持向量机的模糊隶属度确定中，选择高斯径向基核函数 $K(\boldsymbol{x}_i, \boldsymbol{x}) = \exp\left(-\dfrac{\|\boldsymbol{x} - \boldsymbol{x}_i\|^2}{2\delta}\right)$，参数 δ 取 4，惩罚因子 C 取 236。

2. 改进模糊隶属度矩阵确定

为了得到故障征兆隶属于故障原因的隶属度关系矩阵，基于某航空发动机研究单位的台架试验数据库，选取 4 种典型故障的大量数据作为整机振动数据集。为了方便计算结果的验证，在所选择的数据中，故障征兆的数据个数由多到少依次排列：转子碰摩、轴系不对中、转子不平衡和支座松动。若信息熵评价结果与假设一致，说明计算有效。

首先，对这些数据进行分析、归纳和筛选，选取足够多的数据样本，并对其进行去噪和滤波处理。然后，在 MATLAB 软件中，基于改进模糊支持向量机的隶属度确定思想，编程计算出改进模糊隶属度矩阵。具体步骤如下。

(1) 将故障征兆 $\boldsymbol{X}$ 的振动数据(振动加速度或振动速度值)看作样本，将故障原因 $\boldsymbol{Y}$ 看作故障类别，将与故障原因有关的故障征兆的振动数据划分到所在故障类别中。

(2) 将第 j 种故障征兆隶属于第 i 种故障原因的数据样本看作一个样本集，利用式(6.34)～式(6.42)，计算第 j 种故障征兆隶属于第 i 种故障原因的数据样本的距离模糊隶属度 $s_k^{(ij)}$ 和紧密模糊隶属度 $\mu_k^{(ij)}$。

(3) 根据式(6.43)对 $s_k^{(ij)}$ 和 $\mu_k^{(ij)}$ 做点乘，得出所有的改进模糊隶属度 $r_k^{(ij)}$。

(4) 根据式(6.44)求出第 j 种故障征兆隶属于第 i 种故障原因的模糊隶属度 $r^{(ij)}$。

(5) 重复以上步骤计算出所有的故障征兆隶属于所有的故障原因的模糊隶属度 $\left[r^{(ij)}\right]_{4 \times 10}$，进而根据式(6.45)构造改进模糊隶属度矩阵 $\boldsymbol{R}$，即

$$\boldsymbol{R} = \left[r^{(ij)}\right]_{4\times10} = \begin{bmatrix} 0.44 & 0.03 & 0.09 & 0.07 & 0.03 & 0.00 & 0.23 & 0.11 & 0.00 & 0.00 \\ 0.11 & 0.07 & 0.09 & 0.15 & 0.06 & 0.05 & 0.16 & 0.09 & 0.10 & 0.12 \\ 0.22 & 0.11 & 0.15 & 0.08 & 0.09 & 0.25 & 0.05 & 0.04 & 0.00 & 0.01 \\ 0.00 & 0.00 & 0.00 & 0.00 & 0.00 & 0.41 & 0.12 & 0.00 & 0.00 & 0.47 \end{bmatrix} \tag{6.47}$$

3. 评估模型建立及振动性能分析

本质上隶属度表征某事件发生的可能性程度，类似于概率的意义，因此可以利用故障征兆隶属度值的信息熵来表征其对航空发动机整机振动性能的影响程度。于是，可以将每种故障征兆隶属于不同故障原因的模糊隶属度看作对该故障征兆的有效划分，即可以将 $\boldsymbol{R}$ 中每一行的元素看作对这种故障征兆隶属于 10 个故障原因的模糊隶属度有效划分。根据式(6.38)可得每个故障征兆所包含的信息熵值，如表 6.10 所示。

表 6.10　故障征兆的信息熵

故障征兆	X_1	X_2	X_3	X_4
信息熵	0.6767	0.9743	0.8475	0.4262

表 6.10 中的信息熵值表示故障征兆对航空发动机整机振动性能的影响程度，信息熵值越大，其影响程度越大。由表 6.10 可知，故障征兆 X_2 和 X_3 的信息熵值最高，说明基于所选数据，轴系不对中和转子碰摩故障征兆对整机振动性能影响大；故障征兆 X_4 的信息熵值最小，对整机性能影响弱于其他情况，与实际选取的数据情况相符。对于具有同样分布特点的数据，若故障机理尚不明确，则可以通过计算信息熵确定其对系统工作的影响程度。基于表 6.10 的信息熵值可得出表征航空发动机整机振动系统性能评估指标 H 的公式：

$$H = 0.8219X_1 + 0.6358X_2 + 0.4817X_3 + 0.9379X_4 \tag{6.48}$$

由式(6.48)可得到在振动量为常态值(无故障工作)时整机振动性能的基准值 H_0。根据振动变化量可计算出相应的 H 值，从而得到航空发动机整机振动系统可靠性的变化趋势[14]。

另外，也可以根据故障原因的熵值来评价其对航空发动机整机振动性能的影响。于是，可基于式(6.46)计算出 $\boldsymbol{R}$ 中每一列的信息熵值，并按照信息熵值大小对故障原因进行排序，如表 6.11 所示。这样可以确定各个故障原因影响航空发动机整机振动性能的程度，为性能和故障诊断提供量化数据支持。

表 6.11　航空发动机整机振动故障原因的信息熵及其序号

故障原因	H	序号
Y_1	0.4071	2
Y_2	0.2324	8
Y_3	0.3122	4
Y_4	0.2926	5
Y_5	0.2135	9
Y_6	0.3747	3
Y_7	0.4497	1
Y_8	0.2559	7
Y_9	0.1012	10
Y_{10}	0.2850	6

由表 6.11 可知，基于所选数据，故障原因 Y_6 和 Y_7 的信息熵值较大，说明它们是影响航空发动机整机振动性能的主要因素。可能是因为转子零部件松动、脱落或者转子与轴承存在间隙，导致航空发动机转子转动时不平衡或不对中，造成航空发动机整机振动幅度偏大，进而导致转子碰摩、涡轮/压气机叶片损坏或脱落。而故障原因 Y_9 的信息熵值最低，对航空发动机整机性能的影响最小。

由以上分析可知，基于模糊支持向量机的隶属度改进方法不但能根据故障原因对故障征兆及整机振动性能的影响做出定量评价，而且可以定量评估故障征兆对整机振动性能的影响程度。

6.5　基于小波相关特征尺度熵和模糊支持向量机的航空发动机整机振动故障融合诊断

航空发动机工作在复杂的工作环境中，其振动故障信号受到噪声和飞机飞行情况的干扰，常常含有噪声和异常信号，信噪比低，振动信号微弱，给航空发动机工作状态监控和特征提取带来困难。为了准确分析航空发动机整机振动故障信号，本节在小波相关特征尺度熵(WCFSE)和模糊支持向量机(FSVM)的基础上，提出基于小波相关特征尺度熵和模糊支持向量机(WCFSE-FSVM)的航空发动机整机振动故障融合诊断方法，来解决整机振动故障信号弱、带有噪声和异常信号的问题。基于小波变换相关滤波(WTCF)方法，提取航空发动机整机振动故障信号的高信噪比小波系数。基于信息熵理论和小波变换相关滤波方法，提出小波相关特征尺度熵方法，提取整机振动信号各尺度上的熵特征，再提取能反映信号特征的高波段尺度 1 和尺度 2 上的小波相关特征尺度熵值 H_{wcfs1} 和 W_{wcfs2}，构造振动故障信号特征向量。前面章节已经证明模糊支持向量机方法在模式识别方面具有很好的效果，这里利用模糊支持向量机对各信号的特征向量进行识别和诊断。通过建立 WCFSE-FSVM 诊断模型，实现航空发动机整机振动故障诊断。通过与 SVM、FSVM、WESE-SVM 方法的比较，验证 WCFSE-FSVM 方法在航空发动机整机振动故障诊断中解决相关难题的可行性和有效性。

6.5.1　基于小波相关特征尺度熵和模糊支持向量机的故障融合诊断模型

前面已经介绍了小波相关特征尺度熵方法和模糊支持向量机方法，本节将两种方法融合起来，提出 WCFSE-FSVM 融合诊断方法。基于 WCFSE-FSVM 的故障融合诊断模型如图 6.9 所示。该模型包括特征提取和故障诊断(状态识别)两个部分。先基于小波变换相关滤波方法提取相关特征参数；再基于信息熵的方法计算出能反映失效状态的所有尺度上的小波相关特征尺度熵值，选取能较好地反映故

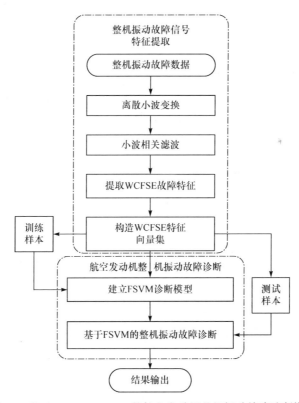

图 6.9　基于 WCFSE-FSVM 的航空发动机整机振动故障诊断模型

障特征的小波相关特征尺度熵值(选取尺度 1 和尺度 2 上的小波相关特征尺度熵值)构造故障信号的特征向量,将特征向量作为航空发动机整机振动故障诊断的模糊支持向量机模型的诊断样本(输入样本)。从这些样本中选取一些样本作为训练样本用于建立模糊支持向量机诊断模型,而另一些样本作为测试样本用于验证航空发动机整机振动故障诊断的模糊支持向量机诊断模型的有效性。

6.5.2　航空发动机故障诊断测试点和支持向量机的参数选取

本节中航空发动机整机振动测试的测点如图 2.1 所示。选取 5 个典型横截面的 9 个测点,测取整机振动的速度和加速度,详见表 2.3。从航空发动机振动数据中选取无故障、转子不平衡、转子碰摩和支座松动 4 种故障模式下的振动信号,共 167 组振动数据。其中,无故障、转子不平衡、转子碰摩和支座松动故障模式的振动数据分别为 53 组、34 组、41 组和 39 组。选取高斯径向基核函数 $K(\boldsymbol{x}_i, \boldsymbol{x}) = \exp\left(-\dfrac{\|\boldsymbol{x} - \boldsymbol{x}_i\|^2}{2\delta}\right)$ 作为支持向量机的核函数[19,30],其中参数 δ 取 4,惩罚因子 C 取 287。

6.5.3　小波相关特征尺度熵的特征向量构建

对于无故障、转子不平衡、转子碰摩和支座松动 4 种故障模式,由振幅、数据号和测点组成的三维图分别如图 6.10～图 6.13 所示。

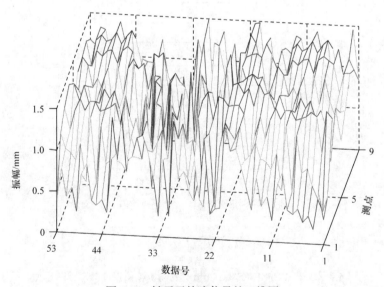

图 6.10　转子无故障信号的三维图

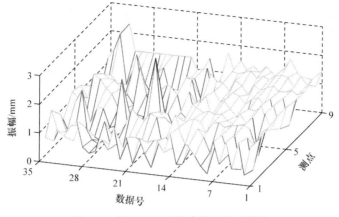

图 6.11　转子不平衡故障信号的三维图

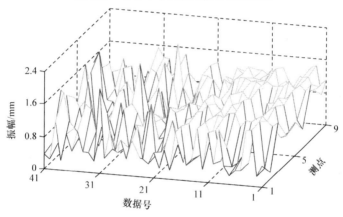

图 6.12　转子碰摩故障信号的三维图

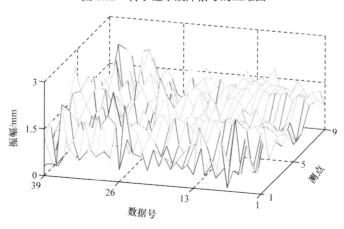

图 6.13　支座松动故障信号的三维图

根据小波相关特征尺度熵计算方法，分析和提取 4 种故障模式的振动信号和特征向量，具体过程如下。

(1) 提取 9 个测点每组数据的振动信号特征，并基于离散小波变换，进行 5 层小波分解，得到高信噪比的小波系数。

(2) 计算每个尺度上的小波相关特征尺度熵特征向量，即

$$\boldsymbol{F} = (H_{\mathrm{wcfs1}}, H_{\mathrm{wcfs2}}, \cdots, H_{\mathrm{wcfs5}}) \tag{6.49}$$

(3) 针对每个测点，选取能充分反映信号特征尺度 1 和尺度 2 上的小波相关特征尺度熵 H_{wcfs1} 和 H_{wcfs2}，即

$$\boldsymbol{F}' = (H_{\mathrm{wcfs1}}, H_{\mathrm{wcfs2}}) \tag{6.50}$$

(4) 在每组数据的 9 个测点中，依次排列每个点的 $\boldsymbol{F}'$，构造每组数据的振动特征向量 $\boldsymbol{T}$，即

$$\boldsymbol{T} = (\boldsymbol{F}_1', \boldsymbol{F}_2', \cdots, \boldsymbol{F}_9') = (T_1, T_2, \cdots, T_{18}) \tag{6.51}$$

根据以上步骤，计算出 4 种故障模式的 167 组数据作为模糊支持向量机诊断模型的故障样本。每个特征向量有 18 个小波相关特征尺度熵值。航空发动机 4 种典型振动故障模式的部分特征向量(每种故障模式仅列出 4 组)如表 6.12 所示。

表 6.12　不同模型下的小波相关特征尺度熵特征向量

测点	测点特征			WCFSE 特征向量			
	测点向量	H_{wcfs} 值	T	无故障	转子不平衡	转子碰摩	支座松动
1	$\boldsymbol{F}_1'$	H_{wcfs1}	T_1	6.11	18.86	23.93	29.05
		H_{wcfs2}	T_2	5.85	17.26	19.89	30.70
2	$\boldsymbol{F}_2'$	H_{wcfs1}	T_3	24.41	24.80	34.81	37.23
		H_{wcfs2}	T_4	23.75	22.09	31.76	33.50
3	$\boldsymbol{F}_3'$	H_{wcfs1}	T_5	6.51	14.57	25.60	30.59
		H_{wcfs2}	T_6	6.12	12.39	20.30	27.88
4	$\boldsymbol{F}_4'$	H_{wcfs1}	T_7	8.57	15.85	30.78	39.23
		H_{wcfs2}	T_8	7.56	16.10	32.15	35.71
5	$\boldsymbol{F}_5'$	H_{wcfs1}	T_9	50.32	20.62	22.37	24.46
		H_{wcfs2}	T_{10}	42.39	19.10	16.39	22.80
6	$\boldsymbol{F}_6'$	H_{wcfs1}	T_{11}	23.46	19.98	17.51	17.84
		H_{wcfs2}	T_{12}	22.87	16.39	14.29	12.76
7	$\boldsymbol{F}_7'$	H_{wcfs1}	T_{13}	7.70	11.09	17.51	17.84
		H_{wcfs2}	T_{14}	6.75	9.13	16.83	15.37
8	$\boldsymbol{F}_8'$	H_{wcfs1}	T_{15}	7.66	16.51	25.75	29.64
		H_{wcfs2}	T_{16}	6.88	15.23	19.83	18.92
9	$\boldsymbol{F}_9'$	H_{wcfs1}	T_{17}	83.92	115.64	112.39	220.63
		H_{wcfs2}	T_{18}	76.32	109.28	102.57	238.31

6.5.4　实例分析

由表 6.12 可知，特征向量 T 由航空发动机整机振动的 9 个测点的 H_{wcfs1} 和 H_{wcfs2} 组成。首先，选取每种故障模式的 10 个特征向量作为训练样本建立模糊支持向量机诊断模型，并对其进行测试。测试结果显示故障诊断正确率为 100%，验证了所建立的模糊支持向量机诊断模型具有良好的学习能力。

然后，用模糊支持向量机诊断模型对剩下的带有弱信号和异常信号的 127 个特征向量进行分类，结果如表 6.13 所示。从表中可以看出，该模型具有较好的泛化能力。

表 6.13　4 种方法的故障诊断结果

故障模式	样本数/个	SVM		FSVM		WESE-SVM		WCFSE-FSVM	
		正确数/个	正确率/%	正确数/个	正确率/%	正确数/个	正确率/%	正确数/个	正确率/%
无故障	43	39	90.70	40	93.02	42	97.67	41	95.35
转子不平衡	24	20	83.33	22	91.67	22	91.67	22	91.67
转子碰摩	31	26	83.87	28	90.32	27	87.10	29	93.55
支座松动	29	25	86.21	26	89.66	26	89.66	28	96.55
总数或平均数	127	110	86.61	116	91.34	117	92.13	120	94.49

注：最后一行的正确数为总数，正确率为平均数。

为了验证 WCFSE-FSVM 方法的可行性和有效性，基于相同的数据和计算环境，将诊断结果与支持向量机(SVM)方法、模糊支持向量机(FSVM)方法和小波能谱熵支持向量机(WESE-SVM)方法进行比较。测试结果显示了所有方法都能对训练样本进行正确分类，其正确率为 100%，表明都具有良好的学习能力。对于陌生的测试样本，4 种方法的故障诊断结果如表 6.13 所示。

表 6.13 表明，SVM 方法的分类正确率(86.61%)远低于 WCFSE-FSVM 方法的分类正确率(94.49%)。SVM 方法直接对振动信号的原始数据进行诊断的效果不太好，因为航空发动机整机振动的原始信号含有噪声和异常信号，严重影响了分类结果。FSVW 方法和 FSVM 方法的分类正确率分别为 91.34% 和 92.13%，稍低于 WCFSE-FSVM 方法的分类正确率。这是因为 FSVM 方法尽管在处理噪声和野值时做得比较好，但是不善于处理诊断弱信号；WESE-SVM 方法在处理弱信号方面比较擅长，但不善于处理含有噪声和野值的振动故障；而 WCFSE-FSVM 方法集成了 FSVM 方法和 WESE-SVM 方法的优点，能很好地处理弱信号、噪声和异常信号，具有强大的泛化能力。

为了证明 WCFSE-FSVM 方法的抗噪声能力，将 127 个振动样本叠加均值为

2、方差为 5 的噪声信号。这些带噪声的样本作为 4 种方法的测试样本，进行抗噪声能力分析，结果如表 6.14 所示。

表 6.14　4 种方法的抗噪声能力验证结果

验证结果	SVM	FSVM	WESE-SVM	WCFSE-FSVM
正确率/%	83.46	89.76	89.76	93.70
正确率降低量/百分点	3.15	1.58	2.37	0.79

由表 6.14 可知，相对于不含噪声的诊断结果，WCFSE-FSVM 方法的正确率降低了 0.79 百分点，抗噪声能力明显好于 SVM 方法、FSVM 方法和 WESE-FSVM 方法，SVM 方法、FSVM 方法和 WESE-FSVM 方法分别降低了 3.15、1.58 和 2.37 百分点。这进一步验证了 WCFSE-FSVM 方法在航空发动机整机振动故障诊断中的有效性和可行性。

实例计算分析表明，基于 WCFSE-FSVM 方法的航空发动机整机振动故障诊断的正确率为 94.49%，远高于 SVM 方法、FSVM 方法和 WESE-SVM 方法，因此 WCFSE-FSVM 方法是一种更加有效、可行的诊断方法，具有良好的学习能力、泛化能力、抗干扰能力和容错能力，在处理故障信号中的噪声、异常样本和弱信号方面具有良好的效果，提高了航空发动机整机振动故障诊断的精度。

6.6　本 章 小 结

本章考虑故障诊断中故障分类边界的模糊性，介绍了基于信息熵、模糊理论和支持向量机的航空发动机整机振动故障融合诊断技术，主要包括基于模糊信息熵的航空发动机整机振动故障融合诊断技术、基于模型支持向量机的转子振动故障诊断技术、基于改进模糊支持向量机的航空发动机整机振动故障融合诊断技术、基于模糊支持向量机和改进隶属度的航空发动机振动故障融合诊断技术以及基于小波相关特征尺度熵和模糊支持向量机的航空发动机整机振动故障融合诊断技术等。

参 考 文 献

[1] 宋兆泓. 航空发动机典型故障分析[M]. 北京: 北京航空航天大学出版社, 1993.
[2] 瞿红春, 刘杰, 王太勇, 等. 一种基于信息熵的航空发动机性能评估方法[J]. 机械科学与技术, 2009, 28(6): 701-704.
[3] 张跃. 模糊数学方法及其应用[M]. 北京: 煤炭工业出版社, 1992.
[4] 刘家学, 沈建辉. WP-7 发动机性能故障的信息熵综合模糊诊断法[J]. 模糊系统与数学, 1999,

13(1): 61-65.

[5] Qu L S, Li L M, Lee J. Enhanced diagnostic certainty using information entropy theory[J]. Advanced Engineering Informatics, 2003, 17(3-4): 141-150.

[6] Li J Y, Xie Y P, Zhang Y H. Study on evaluation model of the fourth party logistics enterprise's core competence based on information entropy of fuzzy matter-element theory[C]. International Conference on E-Education, E-Business, E-Management and E-Learning, Sanya, 2010: 69-73.

[7] Xing X S. Dynamic information theory and information description of dynamic systems[J]. Science in China (Part G), 2010, 53(4): 607-627.

[8] 王志. 航空发动机整机振动故障诊断技术研究[D]. 沈阳: 沈阳航空工业学院, 2006.

[9] 陈英涛. 某型航空发动机整机振动分析及其在故障诊断中的应用[D]. 沈阳: 沈阳航空工业学院, 2007.

[10] Cristinanini N, Shawe T. An Introduction to Support Vector Machine[M]. London: Cambridge University Press, 2000.

[11] Vapnik V. The Nature of Statistical Learning Theory[M]. 张学工, 译. 北京: 清华大学出版社, 2000.

[12] 蔡开龙, 谢寿生, 吴勇. 航空发动机的模糊故障诊断方法研究[J]. 航空动力学报, 2007, 12(5): 833-837.

[13] Mao Y, Xia Z, Yin Z, et al. Fault diagnosis based on fuzzy support vector machine with parameter tuning and feature selection[J]. Chinese Journal of Chemical Engineering, 2009, 15(2): 233-239.

[14] Liu Y H, Hung H P. Fuzzy support vector machines for pattern recognition and data mining[J]. International Journal of Fuzzy Systems, 2002, 4(3): 826-835.

[15] 张翔, 肖小玲, 徐光祐. 模糊支持向量机中的隶属度的确定与分析[J]. 中国图像图形学报, 2009, 11(8): 1188-1192.

[16] 刘畅, 孙德山. 模糊支持向量机隶属度的确定方法[J]. 计算机工程与应用, 2008, 44(11): 41-43.

[17] Lin C F, Wang S D. Fuzzy support vector machines[J]. IEEE Transactions on Neural Networks, 2002, 13(2): 464-471.

[18] Lin C F, Wang S D. Training algorithms for fuzzy support vector machines with noisy data[J]. Pattern Recognition Letters, 2004, 25(14): 1647-1656.

[19] Li J T, Jia Y M. Huberized multiclass support vector machine for microarray classification[J]. Acta Automatica Sinica, 2010, 36(3): 399-405.

[20] Tsujinishi D, Abe S. Fuzzy least squares support vector machine for multiclass problem[J]. Neural Networks, 2003, 16(5): 758-766.

[21] 费成巍, 艾延廷. 航空发动机健康管理系统设计技术[J]. 航空发动机, 2009, 35(5): 24-29.

[22] 费成巍, 艾延廷, 王蕾, 等. 基于支持向量机的航空发动机整机振动故障诊断技术研究[J]. 沈阳航空工业学院学报, 2010, 27(2): 29-33.

[23] 张秋余, 竭洋, 李凯. 模糊支持向量机中隶属度确定新方法[J]. 兰州理工大学学报, 2009, 35(4): 89-93.

[24] Bian Z Q, Zhang X G. Pattern Recognition[M]. Beijing: Tsinghua University Press, 2000.

[25] 艾青, 秦玉平, 方辉, 等. 一种扩展的紧密度模糊支持向量机及其在文本分类中的应用[J]. 计算机应用与软件, 2010, 27(4): 45-47.

[26] 刘泰安, 梁永全, 薛辛. 一种新的模糊支持向量机多分类算法[J]. 计算机应用研究, 2008, 25(7): 2041-2042.

[27] 唐浩, 廖与禾, 孙峰, 等. 具有模糊隶属度的模糊支持向量机算法[J]. 西安交通大学学报, 2009, 43(7): 40-43.

[28] Xing X S. Physical entropy, information entropy and their evolution equations[J]. Science in China Series A: Mathematics, 2001, 44(10): 1331-1339.

[29] 费成巍. 基于信息融合的航空发动机整机振动故障诊断技术研究[D]. 沈阳: 沈阳航空航天大学, 2010.

[30] 艾延廷, 费成巍. 基于改进模糊 SVM 的转子振动故障诊断技术研究[J]. 航空动力学报, 2011, 26(5): 1118-1123.

第7章 总结与展望

　　航空发动机整机振动故障诊断技术对于飞机飞行过程中防止事故发生、避免经济损失和促进飞机维修体制改革具有重要意义，因而吸引了大量科技人员的关注，使这一新兴的交叉学科不断地发展和完善。随着航空发动机向高转速、高安全性、高可靠性、集成化、数字化方向发展，传统故障诊断技术越来越难以满足复杂设备诊断的需求；同时，航空发动机往往装有多传感器监测系统，引入信息融合技术到故障诊断领域来提高设备故障诊断的精度和有效性，防止虚警和漏报率等具有重要意义。基于此，本书重点介绍了作者近十年来在"基于信息融合的航空发动机整机振动故障诊断技术"课题研究中的成果，为航空发动机健康管理与故障诊断领域的学者和工程技术人员的研究工作提供方法和技术参考。

　　本书首先介绍了航空发动机整机振动故障诊断技术的研究现状、整机振动常见故障与测试技术、信息融合方法等；然后以诊断精度为出发点，从信息融合的角度，基于支持向量机方法、信息熵方法和模糊理论，遵循由易到难、逐步深入的思路，采用航空发动机整机振动真实数据与转子模拟试验数据相结合的策略(由于航空发动机整机振动数据难以获取，数据信息不充分，部分研究是以转子振动故障模拟试验台模拟航空发动机整机振动故障来进行的)，针对航空发动机整机故障诊断中的若干关键问题，详细介绍了航空发动机整机振动故障诊断的信息融合技术，主要内容包括以下方面。

　　(1) 基于支持向量机的航空发动机整机振动故障融合诊断技术。主要包括支持向量机的理论基础和分类原理，以及基于支持向量机的航空发动机整机振动故障诊断实例分析，验证了支持向量机方法用于航空发动机整机振动故障诊断的有效性和可行性。

　　(2) 基于信息熵的航空发动机整机振动故障特征提取和诊断技术。信息熵方法包括时域的奇异谱熵方法、频域的功率谱熵方法，以及时频域的小波能谱熵方法、小波空间特征熵方法、小波相关特征尺度熵方法和小波包特征谱熵方法等。另外，介绍了基于过程功率谱熵的航空发动机整机振动和转子振动故障诊断技术、基于小波相关特征尺度熵的转子振动故障特征分析与诊断技术、基于多类信号与多特征熵距的滚动轴承故障融合诊断技术等。

　　(3) 基于信息熵和支持向量机的航空发动机整机振动故障融合诊断技术。主要包括基于小波包特征谱熵和支持向量机的转子振动故障融合诊断技术、基于小波能谱熵和支持向量机的航空发动机整机振动与转子振动故障融合诊断技术、基于功率谱熵和支持向量机的转子振动故障融合定量诊断技术等。

(4) 基于信息熵理论、支持向量机和模糊理论的航空发动机整机振动故障融合诊断技术。主要包括基于模糊信息熵的航空发动机整机振动故障融合诊断技术、基于模糊支持向量机的航空发动机整机振动故障融合诊断技术、基于改进模糊支持向量机的航空发动机整机振动故障融合诊断技术、基于模糊支持向量机和改进隶属度的航空发动机整机振动故障融合诊断技术、基于小波相关特征尺度熵和模糊支持向量机的航空发动机整机振动故障融合诊断技术。

本书介绍的航空发动机整机振动故障诊断方法和技术,解决了如下关键问题。

(1) 利用支持向量机方法解决了航空发动机整机振动故障样本获取难的问题,在一定程度上减少了建立故障诊断模型所需要的故障样本,保证了航空发动机整机振动故障诊断的精度。

(2) 利用信息熵方法解决了航空发动机整机振动不同故障诊断和状态评估中的信号特征提取问题,为不同故障特征提取和故障定量诊断提供了新方法。

① 利用奇异谱熵方法解决了航空发动机整机振动时域信号特征提取问题。

② 利用功率谱熵方法解决了航空发动机整机振动频域信号特征提取问题,能有效地对工作过程中不同转速下的振动信号特征进行提取,解决了故障退化的诊断和评估问题。

③ 利用小波能谱熵方法有效地解决航空发动机整机振动信号中的短暂异常信号,例如,各频率带内分量的暂态变化,能有效地表征早期故障特征,解决微弱故障信号特征提取难的问题。

④ 利用小波相关特征尺度熵方法有效地解决了航空发动机整机振动信号弱和信噪比低给故障特征提取和诊断精度保证带来的问题。

⑤ 利用小波包特征谱熵提取航空发动机整机振动信号高低频带的信号特征,振动信号特征更加明显。

(3) 采用信息熵和支持向量机融合诊断方法,建立了小波包特征谱熵支持向量机融合诊断模型、小波能谱熵支持向量机融合诊断的模型和功率谱熵支持向量机融合过程诊断模型,改善了航空发动机整机振动故障诊断的精度,解决了航空发动机运行状态下整机振动故障的过程诊断,方便状态监控,改善了诊断和评估的有效性。

(4) 采用信息熵、支持向量机和模糊理论的融合诊断方法,解决和改进了模糊隶属度确定和建立的关键技术,进一步提高了航空发动机整机振动故障诊断的精度。

① 采用模糊信息熵诊断方法,解决了航空发动机整机振动故障征兆与故障原因之间难以确定的复杂隶属关系,即隶属度,提高了故障诊断的精度。

② 将模糊理论引入支持向量机,提出模糊支持向量机融合诊断方法,考虑不同样本到类中心的距离,赋予不同样本的隶属度来改进模糊支持向量机中的模糊隶属度,提高了航空发动机整机振动故障诊断的精度。

③ 对模糊隶属度做进一步改进,不但考虑样本与类中心之间的关系,还考虑类中各个样本之间的紧密程度,提出球紧密度模糊隶属度确定方法,进一步提升了模糊支持向量机用于航空发动机整机振动故障诊断的有效性。

④ 将信息熵引入模糊支持向量机,进一步改进模糊隶属度,提出基于信息熵的紧密度隶属度确定方法,有效地改善了航空发动机整机振动故障诊断的效果。

⑤ 采用小波相关特征尺度熵和模糊支持向量机的融合诊断方法,更有效地解决了航空发动机整机振动故障信号特征提取和诊断精度的问题。

本书以诊断精度为出发点,以信息融合为主线,基于信息熵、模糊理论和支持向量机详细介绍了航空发动机整机振动故障的融合诊断技术,解决了其中的若干关键问题,对航空发动机整机振动检测、性能评估,以及故障预测、诊断和控制具有直接的应用价值,对航空发动机科研工作者有重要参考价值。